高职高专测绘类新型立体化规划教材
全国测绘地理信息类职业教育规划教材

# 工程测量实训(工程应用)

主　编　王瑞芳　周　荣
副主编　朱小韦　吕宝奇

本书立体化资源

黄河水利出版社
·郑州·

## 内容提要

本书为高职高专测绘类新型立体化规划教材、全国测绘地理信息类职业教育规划教材。全书采用基于工作过程的编写模式，以技能为核心，以项目为载体，以任务为引领，注重对学习者工程测量外业操作技能和内业计算能力的全面训练和培养。本书共分6个项目，注重介绍工程测量实训在工程上的应用，分别为项目一工业与民用建筑施工测量、项目二道路工程测量、项目三桥梁工程测量、项目四地下管线探测、项目五地下工程测量及项目六水利工程测量等内容。

本书可作为测绘类高、中等职业院校、高等专科学校等的工程测量实训教材，也可供测、绘地理信息行业技术人员、技能人员参考使用。


**图书在版编目(CIP)数据**

工程测量实训.工程应用/王瑞芳，周荣主编.—郑州：黄河水利出版社，2023.9

高职高专测绘类新型立体化规划教材　全国测绘地理信息类职业教育规划教材

ISBN 978-7-5509-3717-8

Ⅰ.①工…　Ⅱ.①王…②周…　Ⅲ.①工程测量-高等职业教育-教材　Ⅳ.①TB22

中国国家版本馆CIP数据核字(2023)第161636号

策划编辑：陶金志　电话：0371-66025273　E-mail：838739632@qq.com

| | | | |
|---|---|---|---|
| 责任编辑 | 贾会珍 | 责任校对 | 杨秀英 |
| 封面设计 | 黄瑞宁 | 责任监制 | 常红昕 |
| 出版发行 | 黄河水利出版社 | | |
| | 地址：河南省郑州市顺河路49号　邮政编码：450003 | | |
| | 网址：www.yrcp.com　E-mail：hhslcbs@126.com | | |
| | 发行部电话：0371-66020550 | | |
| 承印单位 | 河南匠心印刷有限公司 | | |
| 开　　本 | 787 mm×1 092 mm　1/16 | | |
| 印　　张 | 14.25 | | |
| 字　　数 | 338千字 | | |
| 版次印次 | 2023年9月第1版 | 2023年9月第1次印刷 | |
| 定　　价 | 56.00元 | | |

# 前 言

本书是工程测量、路桥测量、地下工程测量、水利工程测量等相关课程的配套实训教材,可供测绘地理信息行业技术人员、技能人员或有关院校师生参考使用。本书涉及面广,内容翔实,结构合理,通俗易懂,统筹考虑了理论知识和生产实践的关系,注重理论与实践相联系,力求实现知识和技能相统一。本书依据最新的行业技术标准和规范,引入生产实例并融入许多新技术和新方法,注重实际操作能力培养,具有较强的实用性和指导性。习近平总书记在党的二十大报告中指出:全面贯彻党的教育方针,落实立德树人根本任务。因此,本书设置了思政小课堂环节,依据思政案例在思想政治方面对学生进行教育,满足了学生在适应社会、建立情感、克服困境等方面的生存需要,在思想政治、品德素质等方面的精神发展需要,向学生传承了热爱祖国、忠诚事业、艰苦奋斗、无私奉献的测绘精神。

本书立足于工程测量(工程应用)的基本操作及计算,以项目为基本模块,以工作任务构建课程纲要,以工作流程组织实训内容,以各个环节为载体进行课程构建。通过学习,学生可以掌握工程测量相关工作的基本理论知识及基本技能,培养其分析问题和解决问题的能力,形成良好的学习习惯,具备优良的职业素养,为今后深层次学习、解决实际生产问题及职业生涯的可持续发展奠定良好的基础。

本书共分为6个项目:项目一 工业与民用建筑施工测量,项目二 道路工程测量,项目三 桥梁工程测量,项目四 地下管线探测,项目五 地下工程测量,项目六 水利工程测量。全书着重介绍了工程测量实训在工程上的应用。为方便读者预习、复习,全书共制作21个教学课件,录制28个教学视频,还有1个思政视频。每个项目均通过学生参与、教师指导、成果创造、反思评价等教育技术手段,促进学生对知识和技能的掌握。

本书由河南测绘职业学院教务处组织编审,由王瑞芳、周荣担任主编,朱小韦、吕宝奇(河南省测绘院)担任副主编,许云燕、张向伟、刘永义、荆地、张文静、赵亚蓓、马世龙、李圣卉、时建新(中铁七局集团第一工程有限公司)、孙树芳参与编写,由王瑞芳负责全书统稿。

在本书编写过程中,得到了侯方国副教授、张予东副教授、李宏超副教授、朱文军教授等多位专家教授的大力指导,并得到了河南测绘职业学院教务处、测绘工程系、国土信息与管理系、空间信息工程系和遥感工程系的大力支持和帮助,在此,对给予指导的专家教授和相关人员表示感谢!对黄河水利出版社为本教材顺利出版给予的大力支持表示感谢!

由于编者水平有限,书中难免会有错漏和不足之处,恳请广大读者提出宝贵的意见和建议,以便今后加以修订和完善。

**编　者**

2023 年 7 月

# 目 录

# 实训须知

工程测量是一门实践性很强的专业核心课程。工程测量实训课程培养学生的实际操作能力，是理论联系实际、提升专业技能的有效措施。本部分内容主要包括实训规定、借领仪器、仪器的使用与维护、记录字体及有关规定和机房实训须知等。通过本部分内容的学习，同学们应了解实训的一些基本要求及注意事项，养成爱护公共财产、团结协作、严谨求实的职业精神。

## 一、实训规定

(1)每次实训，指导教师应事先通知学生，学生应在实训前做好预习，弄清实训目的、要求、方法、步骤及有关注意事项，完成相关数据的计算和有关资料的准备工作，以保证顺利完成实训任务。

(2)每次实训前，应提前10 min到现场(仪器室或机房)集合，学生按要求借领仪器器材，仪器器材借领完毕，教师应统一给学生讲解本次实训的内容、目的、方法、步骤、要求及有关注意事项，教师示范操作，然后由学生按要求分组实训。

(3)在实训过程中，各小组成员应按分工规范操作。测量要认真、准确，记录字迹要工整。

(4)实训结束后，学生应及时提交实训成果。经指导教师验收合格后方可结束实训，交还仪器或离开机房。

(5)学生不得无故不参加实训。若累计1/3项目没有参加，本课程成绩按不及格处理。

## 二、借领仪器

(1)每次实训所需要的仪器器材，均已在本教材上载明。学生应以小组为单位，按指定的时间到仪器室借领。

(2)借领仪器时，学生应按组号依次进入仪器室，在指定地点凭学生证借领，并当面清点仪器器材数量及完好情况。如发现问题，应当面将情况报告管理人员处理。

(3)在实训过程中，仪器器材应妥善保管。组长负责检查和清点仪器器材。如有遗失或损坏，应及时向指导教师或管理人员报告。

(4)实训结束后，应及时按规定填写“仪器使用记录”，并将仪器器材交还仪器室。如仪器器材有问题，应及时将有关问题填写在“仪器使用记录”中，并报告管理人员。待管理人员当面验收后，将学生证退还本人。

## 三、仪器的使用与维护

测量仪器属于精密贵重仪器，是完成教学和测绘任务必不可少的工具。正确使用和维护测量仪器，对保证教学进度、提高测量精度和工作效率、防止仪器损坏、延长仪器使用年限有着重要的作用。下面介绍本课程涉及的有关仪器的使用和维护常识。

**(一)仪器使用要求**

1. 借领仪器时的注意事项

借领仪器时,要按以下项目检查仪器:

(1)箱盖是否关妥、锁好。

(2)背带、提手是否结实牢固。

(3)三脚架与仪器是否配套,三脚架各部件是否完好,其他器材和附件是否齐全。

2. 打开仪器箱时的注意事项

(1)仪器箱应平放在地面上或平台上开箱,不要托在手上或抱在怀里开箱,以免将仪器损坏,仪器取出后应及时关闭箱盖。

(2)开箱后未取出仪器前,要注意仪器在箱内的安放位置与方向,以免用完装箱时,因安放位置不正确而损坏仪器。

3. 自箱内取出仪器时的注意事项

不论何种仪器,在取出前应先放松制动螺旋,然后取出仪器。否则,在取出仪器时,会因强行扭转而损坏制动、微动装置,甚至损坏轴承。

4. 架设仪器时的注意事项

(1)伸缩式脚架三条腿抽出后,要把螺旋拧紧(要适可而止,不要用力过猛,以免螺旋滑丝),防止因螺旋未拧紧造成架腿自动收缩而摔坏仪器。

(2)安置脚架时,三脚架腿分开的跨度要适中,太靠拢容易被碰倒,太分开又容易滑开,都易造成事故。若在斜坡地面上架设仪器,应使两条架腿在坡下(可稍长些),另一条架腿在坡上;若在光滑地面(如水泥地、柏油路)上架设仪器则要采取安全措施,可用细绳把三脚架稳住,以防止脚架滑动,摔坏仪器。

(3)三脚架安放稳妥并将仪器放到三脚架头上后,应立即拧紧仪器与三脚架间的中心连接螺旋,防止因忘记拧连接螺旋或拧得不紧而摔坏仪器。

5. 仪器在使用过程中的注意事项

(1)防止烈日暴晒和雨淋,在烈日下或零星小雨时应打伞遮挡。

(2)仪器安置好后必须有人看护,不得离开,以免丢失或行人、车辆等碰坏仪器。

(3)如遇物镜、目镜表面蒙上水汽或灰尘,切勿用手、手帕或一般纸去擦,擦拭不当会产生擦痕,影响观测效果和使用寿命;揩拭镜头,应先以柔软洁净的毛刷扫去尘沙,再用特备的镜头纸揩拭。

(4)操作仪器时,只准一人动仪器,用力要均匀,动作要准确、轻捷,用力过大或动作太猛都会造成仪器损伤。

(5)在使用仪器前,应将脚螺旋、微动螺旋等放在中间部位,切勿扭至极端,如转不动更不准强行扭动。

(6)若发现仪器出现故障,应立即停止使用,并报告指导教师,查明原因并及时维修,不准仪器带病运用和私自拆卸仪器。

(7)仪器装箱前,要放松各制动螺旋并转动 3 个脚螺旋于中间位置,将仪器放入箱内后,应先试着盖一次,在确认仪器放置正确后,再将各制动螺旋稍微拧紧,防止仪器在箱内自由转动而损坏某些部件。

(8)清点箱内附件,若完好无缺,可关闭仪器箱,扣紧锁好。若附件丢失,应如实记录并报告管理人员。

6. 仪器迁站时的注意事项

(1)在带着仪器行进过程中,一定要注意仪器安全。凡是能背的仪器,一定要检查好背带,然后按要求背在肩上,不准用标尺、花杆或其他东西抬着仪器走。

(2)在平坦地区短距离迁站时,要先检查,拧紧仪器与中心连接螺旋。对于一般仪器,可合拢三脚架使仪器竖立置于胸前稳步行走;对于精密仪器,在迁站时,应将三脚架撑开,用肩托住三脚架内部顶板,使仪器保持垂直。严禁将三脚架收拢后把仪器扛在肩上迁移。

(3)对于远距离或通过行走不便的地区迁站时,应将仪器按要求装箱后搬迁。

(4)每次迁站时都要清点所有仪器器材及附件,以防丢失。

**(二)其他仪器器材**

(1)钢尺性脆易断,使用时要倍加小心。严禁在地面上拖拉,严禁行人脚踏或各种车辆轧过。使用钢尺时,应两人拉尺,中间有一人托尺,防止因打结而扭断。用完收卷时,同时用布擦去灰沙。由于皮尺强度小,使用时不宜过于用力。万一皮尺浸水,应晾干后再卷入。

(2)手持测距仪要检查开关机是否正常、电量是否充足,以免因为仪器及电源故障耽误实训。

(3)各种标尺不准随便靠在树上或墙上而无人扶,以免滑倒摔坏;绝不允许踏、坐在标尺上或用标尺抬东西。在标尺上读数时,不准用指甲或铅笔等做记号或乱画,以免损坏尺面。

(4)禁止用棱镜杆来抬东西,并要注意保护棱镜杆上的油漆。

(5)标尺、脚架上的泥土,应随时揩净;如着水,应随即揩干,以免油漆脱落或生锈。

(6)要防止尺垫、钢卷尺、手持测距仪等器材丢失,更不允许观测手簿和有关资料丢失。

## 四、记录字体及有关规定

(1)观测手簿是测量成果的原始资料。为保证测量成果的严肃性、可靠性,要求各项记录必须在测量时直接、及时记入手簿,不能靠记忆补记或记录在其他地方后进行转抄。

(2)记录时文字均用正楷体,阿拉伯数字用记录字体。

(3)外业观测数据必须记录在带编号的、装订成册的手簿上,手簿不得有空页。作废的记录应保留在手簿上。不得撕页,不得在手簿上乱写乱画。

(4)所有记录与记录过程的计算,均需用 H~3H 绘图铅笔。字体应端正清晰,字体高度应只占格子高的一半,以留出空隙便于更正。

(5)手簿中规定应填写的项目,不得留有空白。

(6)记录员听到观测员报数后,应回报一遍,观测员听到没有否定后,方可记入手簿。以防记录员听错、记错。

(7)在观测手簿中,对有正、负意义的量,在记录计算时,都应带上“+”号或“-”号,即使全部记录是“+”号也不能省略。

(8)外业观测手簿中记录数字如有错误,严禁用橡皮擦、就字改字、小刀刮或挖补。更正时应用横线将错误数字划去,再将正确数字写在原数上方,并在备注栏内注明原因。除计算数据外,所有观测数据的更正和淘汰,必须在备注栏内注明原因和重测结果记于哪一页。重测记录前,均应填写“重测”二字。

(9)在同一测站内,不得有两个相关数据“连环涂改”。如改“平均数”,则不准再改任何一个原始数据,假如两个数均错,则应重测重记。

(10)对于观测值的尾部读数有错误的记录,不论什么原因都不允许更改,而应将该站观测结果废去重测。

(11)记录数字,应按规定位数写整齐,不得省略零位。

(12)所有记录如不按规定办理,将视情况部分或全部作废重测。

## 五、机房实训须知

### (一)学生上机守则

(1)不准带与上课无关的东西,如水果、饮料、口香糖等进入机房,严禁赤膊,穿背心、拖鞋等进入机房。

(2)学生应在上机前提前 10 min 有秩序地进入规定机房上机。上机期间,不得擅自离开机房,如需暂离机房必须向指导教师请假,获准后方可离开。

(3)按时上下机,不准迟到、早退,有事需认真履行请假手续。

(4)进入机房后须对号入座,服从指导教师的调配,不得擅自调换座位;如确有原因需更换机器,须征得指导教师同意后按指定位置上机。对号入座后须按要求填写“机房登记使用表”。

(5)保持机房安静、整洁。机房内不准大声喧哗,不准聊天、嬉笑、打闹和做与学习无关的事情。

(6)在机房内严禁吸烟,不随地吐痰,不乱丢垃圾,不准在计算机设备及桌、椅、墙壁上乱涂乱画。不可野蛮操作计算机,如用力敲击键盘、鼠标等。

(7)禁止使用机房电源及 USB 接口对任何非机房设备充电,不得改变键盘的键位排列。

(8)爱护机房设施,爱护公物及他人的物品,不准击打室内的桌凳、机器、地面、墙壁等;严禁动用机房内的其他设施,未经允许不得改动或移动机房内的电源、空调、机柜、终端等;不得碰动机器后的网络电缆线、电源线、电源插座;严禁私自拆卸配件、更改设置参数、添加口令、删除文件。

(9)如遇计算机和其他设备发生故障损坏,应立即停止使用,并向指导教师报告。

(10)上机结束后,把凳子摆放整齐,做好机位周围的清洁工作。

### (二)应急情况处理办法

(1)指导教师要时刻保持警惕,熟练掌握灭火器材的使用方法,密切注意机房设备的运行情况。

(2)发现机房内有异常气味时,要认真仔细地检查机房的各个部位,直到查明原因,确保无危险情况。

(3)发现机房有烟雾时,首先要切断电源,及时疏散学生撤离现场,并第一时间通知主管部门。

(4)发现机房出现火焰时,首先要切断电源,及时疏散学生撤离现场,并第一时间通知主管部门。同时,在保证自身安全的情况下,使用灭火器等控制和扑灭火焰。

# 项目一 工业与民用建筑施工测量

**项目说明**

在中国建筑高速发展的当今社会，测量技术在建筑工程中也突飞猛进，精度质量越来越高，测量工作可以说是伴随整个建筑项目的建设过程，对建筑的外形、建筑的质量等级、建筑的安全系数等都起到举足轻重的影响。通过本项目的学习，使学生能够用全站仪进行建筑方格网的测设，能够对初步测设的建筑方格网进行归化改正，保障整个建筑工程顺利完成，并保证质量安全等各个环节满足设计的要求。同时,培养学生严谨认真、精益求精的工作态度和团队分工协作能力。

**项目任务**

任务一　建筑方格网测设及归化改正

任务二　高层建筑标高传递

任务三　激光铅直仪的使用

**项目成果**

1.方格网点间距离检核表、点位坐标表及复测成果；

2.目标楼层待定点标尺应读数计算表及标高检核计算表；

3.投测轴线各控制点间的距离检核表及控制点角度检核成果表。

# 任务一　建筑方格网测设及归化改正

## 一、目的与要求

建筑方格网测设及归化改正

### (一)技能目标

能够用全站仪进行建筑方格网的测设;能够对初步测设的建筑方格网进行归化改正。

### (二)情感目标

培养学生严谨认真、精益求精的工作态度和团队分工协作能力。

## 二、仪器与器材

全站仪及脚架 1 套,微型棱镜 1 个,测钎 1 个,细线 2 根,GNSS 接收机 1 台。

## 三、实训任务

根据老师提供的校园电子平面图,结合现场地形在平面图上设计一个田字形方格网,方格网点间距离要求为 5 m 的整数倍。测设该方格网并进行归化改正。

## 四、步骤与方法

### (一)建筑方格网的设计

在校园电子平面图中设计一个田字形方格网,方格网边长 100~200 m,设计主轴线角点坐标,查询并记录各个方格网点坐标,编制方格网点设计坐标表。

### (二)主轴线测设

(1)依据校园内的测量控制点,用极坐标法测设出长轴线 $MON$,采用“一”字形建筑基线的调整方法将 3 个主轴线点严格调整到一条直线上。

(2)把长轴线点 $M$、$O$、$N$ 作为已知点,放样与长轴线 $MON$ 垂直的短轴线 $COD$。如图 1-1-1 所示。采用“L”形建筑基线的调整中“调整一端点法”对短轴线点 $C$、$D$ 进行调整。

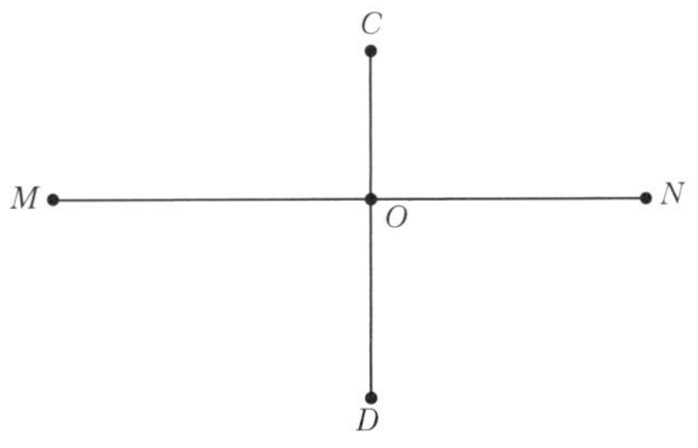


图 1-1-1　方格网短轴线测设

### (三)建筑方格网详细测设

在主轴线测定以后,即可详细测设方格网。在主轴线的四个端点 $M$、$N$、$C$、$D$ 上分别安置全站仪,每次都以 $O$ 点为起始方向,分别向左、右测设 90°角。这样,就交会出方格网的四个角点 $C_1$、$C_4$、$D_1$、$D_4$,如图 1-1-2 所示。

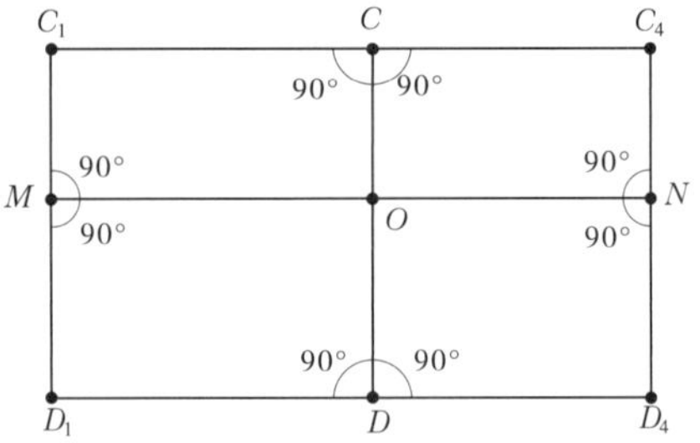


图 1-1-2　田字形方格网点测设

为了进行检核,还要量出 $C_1C$、$C_4C$、$C_4N$、$D_4N$、$D_4D$、$D_1D$、$D_1M$ 和 $C_1M$ 的各段距离。如果量测的距离与设计距离相比精度超限,则说明角度交会出的点位存在误差,可采用"L"形建筑基线的调整中"调整角点"的方法对四个角点进行调整,并标定点位。

**(四)建筑方格网的归化改正**

用上述方法测设的方格网一般用于精度要求不高的中小型建筑场地。对于精度要求较高的大型建筑场地,则应在上述方法的基础上对各方格网点进行归化改正,以进一步提高方格网的精度。

我们可以采用任何一种控制测量方法(如三角测量、导线测量或 GNSS 定位测量等)来精确测定各方格网点的坐标($x_{实测}$,$y_{实测}$),本实训中采用 GNSS 定位测量的方法进行。由于测设误差的存在,使得每个方格网点的实测坐标($x_{实测}$,$y_{实测}$)往往与设计坐标($x_{设计}$,$y_{设计}$)不一致,则需要在标桩上进行调整。其调整的方法是先计算出方格点的实测坐标与设计坐标的坐标差,计算式为

$$\left.\begin{aligned}\Delta x &= x_{设计} - x_{实测}\\ \Delta y &= y_{设计} - y_{实测}\end{aligned}\right\} \tag{1-1-1}$$

然后,以实测点位至相邻点在标板上定向,用三角尺在定向边上量出 $\Delta x$ 和 $\Delta y$,如图 1-1-3 所示,并依据其数值平行推出设计坐标轴线,其交点即为方格点正式点位。标定后,将原点位消去。

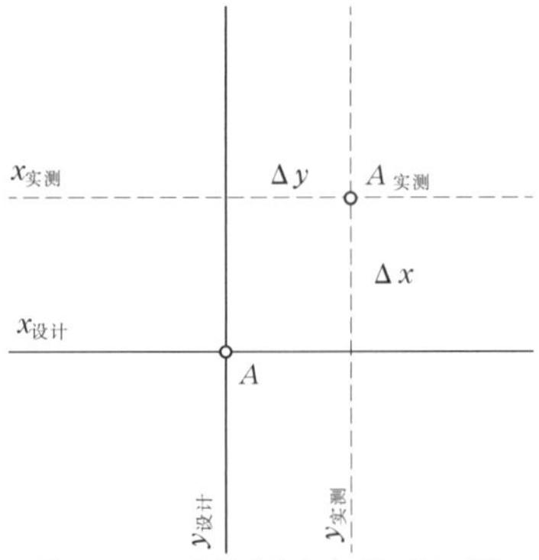


图 1-1-3　方格网点归化改正图

## 五、注意事项

(1)建筑方格网分为一级、二级,主要技术要求:边长为 100~300 m;测角中误差分别为 5″、8″;边长相对中误差分别为 1/30 000、1/20 000。本实训可根据具体情况适当放宽限差要求。

(2)采用轴线法时,长轴线的定位点不得小于 3 个,点位偏离直线在 180°±5″以内,短轴线应根据长轴线定向,其直角偏差应在 90°±5″以内。水平角观测的测角中误差不应大于 2.5″。本实训可根据具体情况适当放宽限差要求。

(3)由于实训时间关系,方格网点实测坐标时采用 GNSS-RTK 的方式进行,在实际工作中可采用 GNSS 静态测量模式或者快速静态测量模式。

(4)点位归化改正后,应进行角度和边长的复测检查。角度偏差±12″以内,边长偏差 $D$/15 000。

## 六、实训成果

实训结束后,应上交以下成果:

(1)方格网点间距离检核表;

(2)方格网点位坐标表;

(3)角度复测检核表;

(4)边长复测检核表。

### 方格网点间距离检核表

班级:__________ 姓名:__________ 学号:__________ 组别:__________ 日期:__________

| 方格网边 | 设计距离/m | 实测距离/m | 距离差/mm | 是否超限 |
| --- | --- | --- | --- | --- |
| | | | | |
| | | | | |
| | | | | |
| | | | | |
| | | | | |
| | | | | |
| | | | | |
| | | | | |
| | | | | |

### 方格网点位坐标表

班级:__________ 姓名:__________ 学号:__________ 组别:__________ 日期:__________

| 方格网点 | 设计坐标 $x_{设计}$ | 设计坐标 $y_{设计}$ | 实测坐标 $x_{实测}$ | 实测坐标 $y_{实测}$ | $\Delta x$ | $\Delta y$ |
| --- | --- | --- | --- | --- | --- | --- |
| | | | | | | |
| | | | | | | |
| | | | | | | |
| | | | | | | |
| | | | | | | |
| | | | | | | |
| | | | | | | |

**角度复测检核表**

班级:__________ 姓名:__________ 学号:__________ 组别:__________ 日期:__________

| 角(点)名 | 理论角度/( ° ′ ″ ) | 实测角度/( ° ′ ″ ) | 偏差/( ″) |
|---|---|---|---|
| | | | |
| | | | |
| | | | |
| | | | |
| | | | |
| | | | |

**边长复测检核表**

班级:__________ 姓名:__________ 学号:__________ 组别:__________ 日期:__________

| 边名 | 理论值/m | 实测值/m | 偏差/mm | 限差/mm |
|---|---|---|---|---|
| | | | | |
| | | | | |
| | | | | |
| | | | | |
| | | | | |
| | | | | |
| | | | | |
| | | | | |

## 七、成绩考核

(1)自我评价

| 任务名称 | | 实训场地 | | | |
|---|---|---|---|---|---|
| 姓名学号 | | 班级组别 | | 成绩 | |
| 序号 | 考核项 | 分值 | 实训要求 | 自我评定 | 备注 |
| 1 | 实训态度、思想意识 | 20 | 实训态度认真,思想意识高 | | |
| 2 | 实训纪律、团队协作 | 10 | 遵守纪律,服从管理,团队协作能力强 | | |
| 3 | 建筑方格网设计质量 | 10 | 方格网设计合理、边长适中,设计坐标完整 | | |
| 4 | 方格网放样精确度 | 10 | 成果精度符合限差要求 | | |
| 5 | 记录、计算准确性与整洁性 | 10 | 记录规范、完整,计算准确 | | |
| 6 | 实训内容完成情况 | 10 | 能独立完成各实训内容 | | |
| 7 | 实训内容完成时间 | 10 | 能按时完成各实训内容 | | |
| 8 | 实训安全情况 | 10 | 实训安全,无事故 | | |
| 9 | 分析问题和解决问题的能力 | 10 | 分析和解决实训问题的能力强 | | |

实训总结与反思:

组长评价:__________　　　　评价时间:________年____月____日

(2)教师评价

<table>
<tr><td>任务名称</td><td></td><td>实训场地</td><td colspan="3"></td></tr>
<tr><td>姓名学号</td><td></td><td>班级组别</td><td></td><td>成绩</td><td></td></tr>
<tr><td>序号</td><td>考核项</td><td>分值</td><td>实训要求</td><td>评定</td><td>备注</td></tr>
<tr><td>1</td><td>实训态度、思想意识</td><td>20</td><td>实训态度认真,思想意识高</td><td></td><td></td></tr>
<tr><td>2</td><td>实训纪律、团队协作</td><td>10</td><td>遵守纪律,服从管理,团队协作能力强</td><td></td><td></td></tr>
<tr><td>3</td><td>建筑方格网设计质量</td><td>10</td><td>方格网设计合理、边长适中,设计坐标完整</td><td></td><td></td></tr>
<tr><td>4</td><td>方格网放样精确度</td><td>10</td><td>成果精度符合限差要求</td><td></td><td></td></tr>
<tr><td>5</td><td>记录、计算准确性与整洁性</td><td>10</td><td>记录规范、完整,计算准确</td><td></td><td></td></tr>
<tr><td>6</td><td>实训内容完成情况</td><td>10</td><td>能独立完成各实训内容</td><td></td><td></td></tr>
<tr><td>7</td><td>实训内容完成时间</td><td>10</td><td>能按时完成各实训内容</td><td></td><td></td></tr>
<tr><td>8</td><td>实训安全情况</td><td>10</td><td>实训安全,无事故</td><td></td><td></td></tr>
<tr><td>9</td><td>分析问题和解决问题的能力</td><td>10</td><td>分析和解决实训问题的能力强</td><td></td><td></td></tr>
<tr><td colspan="6">存在问题:<br><br><br>教师评价:__________　　　　　　评价时间:________年____月____日</td></tr>
</table>

# 任务二 高层建筑标高传递

## 一、目的与要求

### (一) 技能目标

能够用悬挂钢尺结合水准仪进行标高传递;能够对标高传递结果进行检核。

### (二) 情感目标

培养学生严谨认真、精益求精的工作态度和团队协作能力。

高层建筑标高传递

## 二、仪器与器材

S3 水准仪及脚架 1 套,标尺 1 对,尺垫 1 对,钢尺 1 副,悬挂用重锤 1 个。

## 三、实训任务

如图 1-2-1 所示,利用实训楼首层室内地坪标高,传递高程至三楼。已知首层室内地坪标高为“±0. 000”,一楼层高 4. 2 m,二楼层高 3. 9 m。请测设出三层“+50 mm 标高线”,并标注于墙或柱子上,传递高程位置不少于 3 处。

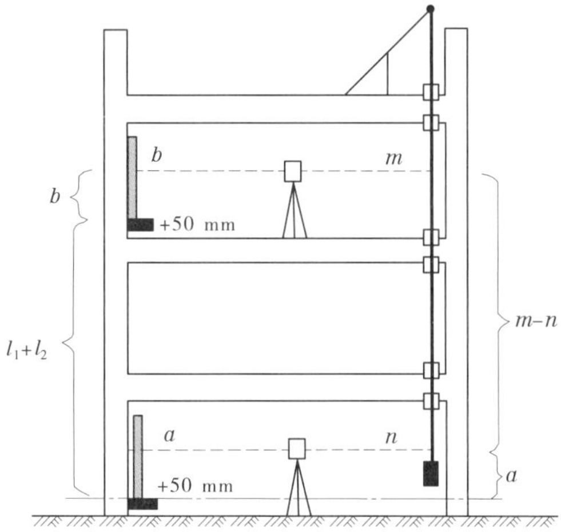


图 1-2-1 钢尺法标高传递

## 四、步骤与方法

### (一) 目标楼层标高测设

(1) 在实训楼三楼楼梯间缝隙处架设一脚架,下面悬挂一根钢尺直至一楼地面上方 20 cm 左右,并在钢尺下端挂一重锤,使钢尺垂直。

(2) 一楼水准测量。将标尺紧贴一楼墙上或柱上的“+50 mm 标高线”,竖直竖立标尺。水准仪架设在标尺和钢尺大致中间的位置,整平仪器,精确照准水准标尺,读取标尺读数 $a$,再前视钢尺,读数 $n$。

(3)三楼标高测设。把水准仪搬至三楼,架设在合适位置,整平,读取钢尺读数 $m$,由公式 $b=a+(m-n)-(4.2+3.9)$,即 $b=a+(m-n)-8.1$,计算待定点标尺应读数 $b$。在第三层墙面上下移动标尺,当读数恰好为 $b$ 时,沿水准标尺底部在墙面上画线,即可得到第三层的"+50 mm 标高线"。同样的方法在三楼室内墙面或柱面至少均匀测设 3 处"+50 mm 标高线"。

**(二)检核**

(1)首层水准测量。将标尺紧贴一楼墙上或柱上的"+50 mm 标高线",竖直竖立标尺。水准仪架设在标尺和钢尺大致中间位置,整平仪器,精确照准水准标尺,读取标尺读数 $a'$,再前视钢尺,读数 $n'$。

(2)三楼水准测量。把水准仪搬至三楼,标尺零端位置与"+50 mm 标高线"对齐,并紧贴墙面或柱面,水准仪架设在合适位置,整平,读取标尺读数 $b'$,读取钢尺读数 $m'$。

(3)计算三楼"+50 mm 标高线"处的标高。计算公式为:$H=a'+(m'-n')+0.05-b'$。

(4)用同样的方法测量出第三层"+50 mm 标高线"处标高,传递的标高较差应不大于 3 mm,否则应重新传递标高。

## 五、注意事项

(1)悬挂钢尺时,钢尺零点在下。

(2)精度要求较高时,需进行钢尺尺长改正。

## 六、实训成果

实训结束后,应上交以下成果:

(1)目标楼层待定点标尺应读数计算表;

(2)目标楼层待定点标高检核计算表。

目标楼层待定点标尺应读数计算表

班级:__________　姓名:__________　学号:__________　组别:__________　日期:__________

| 一层后视读数 $a$ | 一层钢尺读数 $n$ | 目标楼层钢尺读数 $m$ | 目标楼层待定点标尺读数 $b$ |
|---|---|---|---|
| | | | |
| | | | |
| | | | |
| | | | |

目标楼层待定点标高检核计算表

班级:__________　姓名:__________　学号:__________　组别:__________　日期:__________

| 一层后视读数 $a'$ | 一层钢尺读数 $n'$ | 目标楼层钢尺读数 $m'$ | 目标楼层待定点标尺读数 $b'$ | 目标楼层待定点高程 $H$ |
|---|---|---|---|---|
| | | | | |
| | | | | |
| | | | | |
| | | | | |

## 七、成绩考核

(1)自我评价

<table>
<tr><td>任务名称</td><td></td><td>实训场地</td><td colspan="3"></td></tr>
<tr><td>姓名学号</td><td></td><td>班级组别</td><td></td><td>成绩</td><td></td></tr>
<tr><td>序号</td><td>考核项</td><td>分值</td><td>实训要求</td><td>自我评定</td><td>备注</td></tr>
<tr><td>1</td><td>实训态度、思想意识</td><td>20</td><td>实训态度认真，思想意识高</td><td></td><td></td></tr>
<tr><td>2</td><td>实训纪律</td><td>10</td><td>遵守实训纪律，服从指导教师、组长管理</td><td></td><td></td></tr>
<tr><td>3</td><td>团队协作</td><td>10</td><td>团队协作能力强，配合其他组员完成任务</td><td></td><td></td></tr>
<tr><td>4</td><td>仪器操作、数据读取情况</td><td>10</td><td>仪器操作规范、数据读取准确快速</td><td></td><td></td></tr>
<tr><td>5</td><td>记录、计算准确性与整洁性</td><td>10</td><td>记录规范、完整，计算准确</td><td></td><td></td></tr>
<tr><td>6</td><td>实训内容完成情况</td><td>10</td><td>能独立完成各实训内容</td><td></td><td></td></tr>
<tr><td>7</td><td>实训内容完成时间</td><td>10</td><td>能按时完成各实训内容</td><td></td><td></td></tr>
<tr><td>8</td><td>实训安全情况</td><td>10</td><td>实训安全，无事故</td><td></td><td></td></tr>
<tr><td>9</td><td>分析问题和解决问题的能力</td><td>10</td><td>分析和解决实训问题的能力强</td><td></td><td></td></tr>
<tr><td colspan="6">实训总结与反思：<br><br><br>组长评价：__________　　　　评价时间：________年____月____日</td></tr>
</table>

(2)教师评价

| | | | | | |
|---|---|---|---|---|---|
| 任务名称 | | 实训场地 | | | |
| 姓名学号 | | 班级组别 | | 成绩 | |
| 序号 | 考核项 | 分值 | 实训要求 | 评定 | 备注 |
| 1 | 实训态度、思想意识 | 20 | 实训态度认真,思想意识高 | | |
| 2 | 实训纪律 | 10 | 遵守实训纪律,服从指导教师、组长管理 | | |
| 3 | 团队协作 | 10 | 团队协作能力强,配合其他组员完成任务 | | |
| 4 | 仪器操作、数据读取情况 | 10 | 仪器操作规范、数据读取准确快速 | | |
| 5 | 记录、计算准确性与整洁性 | 10 | 记录规范、完整,计算准确 | | |
| 6 | 实训内容完成情况 | 10 | 能独立完成各实训内容 | | |
| 7 | 实训内容完成时间 | 10 | 能按时完成各实训内容 | | |
| 8 | 实训安全情况 | 10 | 实训安全,无事故 | | |
| 9 | 分析问题和解决问题的能力 | 10 | 分析和解决实训问题的能力强 | | |
| 存在问题:<br><br>教师评价:__________　　评价时间:________年____月____日 | | | | | |

# 任务三　激光铅直仪的使用

## 一、目的与要求

激光铅直仪的使用

### （一）技能目标

能够叙述激光铅直仪（铅垂仪）的构造；能够掌握激光铅直仪的操作方法。

### （二）情感目标

培养学生严谨认真的学习态度和学习新技能的学习能力。

## 二、仪器与器材

激光铅直仪一套（含脚架、激光接收靶）、铅笔、记录表格、夹板、铅笔、记号笔、细线若干段。

## 三、实训任务

已知某建筑物施工中，室内首层地坪布设一轴线控制网，各层楼板上有预留垂准孔，要求把首层轴线控制网进行竖向传递，投测至各层，并对各层轴线控制网进行精度检核。

## 四、步骤与方法

### （一）激光铅垂仪的认识

激光铅垂仪是一种供竖直定位的专用仪器，适用于高层建（构）筑物的竖直定位测量。

激光铅垂仪基本构造如图 1-3-1 所示，主要由氦氖激光器、竖轴、发射望远镜、水准器（包含水准管和水准器泡）和基座等部件组成。激光铅垂仪投测轴线剖面如图 1-3-2 所示。

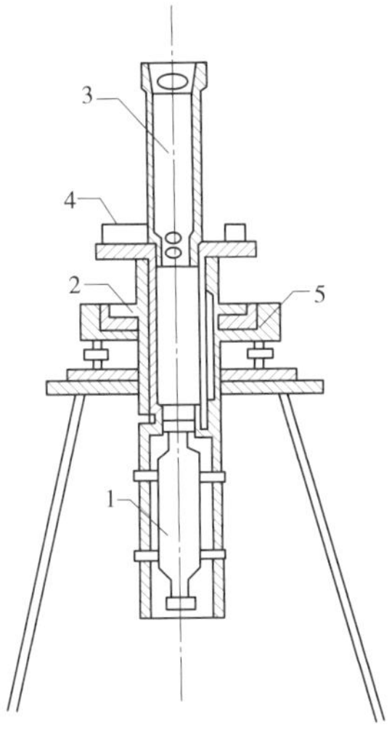


1—氦氖激光器；2—竖轴；
3—发射望远镜；4—水准管；5—基座。

图 1-3-1　激光铅垂仪基本构造

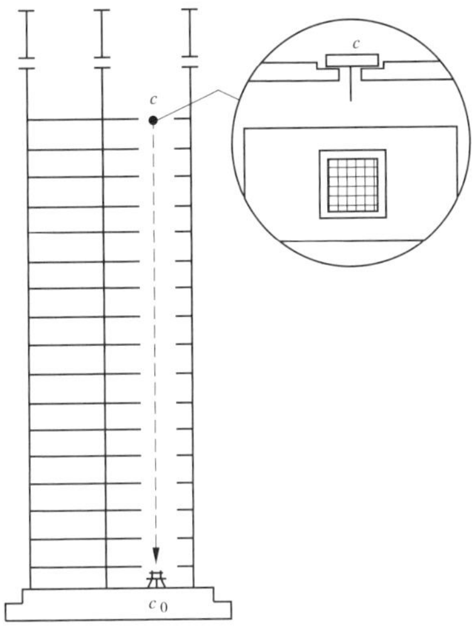


图 1-3-2　激光铅垂仪投测轴线剖面示意图

氦氖激光器通过两组固定螺钉固定在套筒内。仪器的竖轴是一个空心筒轴,两端有螺扣连接望远镜和氦氖激光器的套筒,将激光器安装在筒轴的下(上)端,发射望远镜安装在上(下)端,即构成向上(向下)发射的激光铅垂仪。仪器上设置有两个互成90°的水准器,其分划值一般为20″/2 mm。仪器配有专用激光电源,使用时利用氦氖激光器底端(全反射棱镜端)所发射的激光束进行对中,通过调节基座整平螺旋,使水准管气泡严格居中,接通激光电源起辉氦氖激光器,便可铅直发射激光束。

**(二)激光铅垂仪的使用**

(1)将三脚架安置于测站上,架头大致水平,用垂球做粗略对中;安上主机,旋紧仪器连接螺旋,将电缆插头分别插入电源和主机底部的阴、阳极插孔,打开电源开关。

(2)调脚螺旋使水准管气泡居中,使激光轴铅垂。

(3)旋动基座上前后左右四个对中螺旋,以移动主机,使向下射出的光束恰好对准测站。若因对中而影响管水准气泡居中,应反复进行,直至对中和气泡都满足要求,即可进行竖向准直工作。

(4)在顶部放置接收靶,激光铅垂仪在接收靶上投出一个光点,为保证激光铅垂仪基准线处于铅直状态,应将仪器水平旋转360°,如光点在靶上移动出一个圆,则仪器应进一步调平,直到光点始终指向一点。

(5)仪器精平后,所投光点即为待投测点位。

(6)将各轴线控制点投测完毕后,还应检验各控制点间的距离、角度是否符合要求。

(7)如图1-3-3所示,把底层轴线控制点投测到相应楼层后,即可用拉线的方法将轴线控制点连线在楼层地板上弹出。然后根据轴线控制点连线与建筑物轴线之间的距离,测设出投测楼层的建筑轴线。

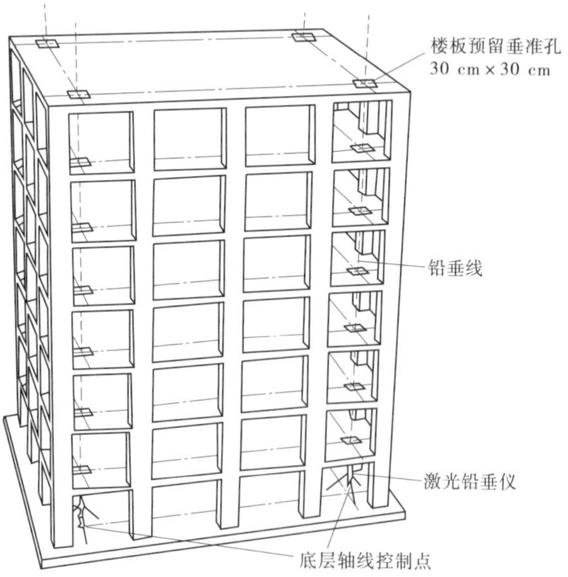


**图1-3-3 激光铅垂仪投测轴线立体示意**

## 五、注意事项

(1)仪器应安置在光线相对较暗的地方,以便激光成像清晰。

(2)应检查激光铅垂仪基准线是否处于铅直状态。方法:将仪器水平旋转 360°,光点在靶上应始终指向一点。

## 六、实训成果

实训结束后,应上交以下成果:

(1)控制点距离检核表;

(2)控制点角度检核表。

## 控制点距离检核表

班级:__________　姓名:__________　学号:__________　组别:__________　日期:__________

| 边名 | 理论距离值/m | 实测距离值/m | 偏差/mm | 相对误差 |
| --- | --- | --- | --- | --- |
| | | | | |
| | | | | |
| | | | | |
| | | | | |
| | | | | |

注:1. 轴线投测的竖直偏差值在本楼层内不超过 5 mm,全高不超过楼高的 1/1 000,累计偏差不超过 20 mm;
2. 轴线控制点之间的距离测量精度不应低于 1/10 000。

## 控制点角度检核表

班级:__________　姓名:__________　学号:__________　组别:__________　日期:__________

| 控制点点名 | 理论角度值/(° ′ ″) | 实测角度值/(° ′ ″) | 偏差/(″) |
| --- | --- | --- | --- |
| | | | |
| | | | |
| | | | |
| | | | |
| | | | |

注:轴线控制点之间矩形角度测设误差不应大于±10″。

## 七、成绩考核

(1)自我评价

| 任务名称 | | 实训场地 | | | |
|---|---|---|---|---|---|
| 姓名学号 | | 班级组别 | | 成绩 | |
| 序号 | 考核项 | 分值 | 实训要求 | 自我评定 | 备注 |
| 1 | 实训态度、思想意识 | 20 | 实训态度认真,思想意识高 | | |
| 2 | 实训纪律 | 10 | 遵守实训纪律,服从指导教师、组长管理 | | |
| 3 | 团队协作 | 10 | 团队协作能力强,配合其他组员完成任务 | | |
| 4 | 轴线投测精确度 | 10 | 成果精度符合限差要求 | | |
| 5 | 记录、计算准确性与整洁性 | 10 | 记录规范、完整,计算准确 | | |
| 6 | 实训内容完成情况 | 10 | 能独立完成各实训内容 | | |
| 7 | 实训内容完成时间 | 10 | 能按时完成各实训内容 | | |
| 8 | 实训安全情况 | 10 | 实训安全,无事故 | | |
| 9 | 分析问题和解决问题的能力 | 10 | 分析和解决实训问题的能力强 | | |
| 实训总结与反思:<br><br>组长评价:__________　　评价时间:________年____月____日 | | | | | |

(2)教师评价

<table>
<tr><td>任务名称</td><td colspan="2"></td><td>实训场地</td><td colspan="3"></td></tr>
<tr><td>姓名学号</td><td colspan="2"></td><td>班级组别</td><td></td><td>成绩</td><td></td></tr>
<tr><td>序号</td><td colspan="2">考核项</td><td>分值</td><td>实训要求</td><td>评定</td><td>备注</td></tr>
<tr><td>1</td><td colspan="2">实训态度、思想意识</td><td>20</td><td>实训态度认真,思想意识高</td><td></td><td></td></tr>
<tr><td>2</td><td colspan="2">实训纪律</td><td>10</td><td>遵守实训纪律,服从指导教师、组长管理</td><td></td><td></td></tr>
<tr><td>3</td><td colspan="2">团队协作</td><td>10</td><td>团队协作能力强,配合其他组员完成任务</td><td></td><td></td></tr>
<tr><td>4</td><td colspan="2">轴线投测的精确度</td><td>10</td><td>成果精度符合限差要求</td><td></td><td></td></tr>
<tr><td>5</td><td colspan="2">记录、计算准确性与整洁性</td><td>10</td><td>记录规范、完整,计算准确</td><td></td><td></td></tr>
<tr><td>6</td><td colspan="2">实训内容完成情况</td><td>10</td><td>能独立完成各实训内容</td><td></td><td></td></tr>
<tr><td>7</td><td colspan="2">实训内容完成时间</td><td>10</td><td>能按时完成各实训内容</td><td></td><td></td></tr>
<tr><td>8</td><td colspan="2">实训安全情况</td><td>10</td><td>实训安全,无事故</td><td></td><td></td></tr>
<tr><td>9</td><td colspan="2">分析问题和解决问题的能力</td><td>10</td><td>分析和解决实训问题的能力强</td><td></td><td></td></tr>
<tr><td colspan="7">存在问题:<br><br><br>教师评价:__________ 评价时间:________年____月____日</td></tr>
</table>

【思政小课堂】

## 激光测量传感器在测绘和建筑中的应用

激光测量传感器在测绘和建筑中的应用非常广泛，主要包括以下几个方面：

(1)测绘：激光测量传感器可以精确测量地面高度、地形起伏等信息，同时可以对地形、建筑物、桥梁等进行三维扫描和建模，可以广泛应用于地形图绘制、航空航天、自然保护等领域。

(2)建筑：激光测量传感器可用于建筑结构物的测量和资料收集，在建筑物几何形状、平面、高度、楼层等方面提供精确的数据。其精度高且无须直接接触测量，能够快速测量出不同形状或复杂表面的建筑物数据，对建筑结构优化设计和检测具有重要意义。

(3)安全：激光测量传感器在建筑施工和维护过程中也能起到重要作用，能够探测和识别潜在的隐患或风险，帮助实现安全施工和保障施工人员的安全。

总之，激光测量传感器在测绘和建筑领域中的应用是非常广泛的，能够提供精确的数据，帮助人们更好地了解和处理地球、建筑物及其周围环境的信息，对科学研究和工程技术的发展都有重要作用。

# 项目二　道路工程测量

**项目说明**

本项目主要学习道路工程中的各种曲线计算及道路中线放样的方法。通过本项目的学习，使学生能够进行道路圆曲线坐标计算、综合曲线线路坐标计算、互通立交匝道线型线路坐标计算、竖曲线计算，掌握用全站仪和GNSS进行道路放样，掌握线路纵、横断面的测量与断面图的绘制。同时，培养学生分析问题和解决问题的能力，掌握良好的学习方法和培养认真严谨的工作习惯。

**项目任务**

任务一　道路圆曲线坐标计算
任务二　综合曲线线路坐标计算
任务三　互通立交匝道线型线路坐标计算
任务四　全站仪中桩法道路放样
任务五　GNSS-RTK道路放样
任务六　竖曲线计算
任务七　线路纵断面测量与绘制
任务八　线路横断面测量与绘制

**项目成果**

1. 道路圆曲线坐标计算成果;
2. 综合曲线线路坐标计算成果;
3. 互通立交匝道线型线路坐标计算成果;
4. 全站仪法道路中桩放样检核表;
5. GNSS-RTK道路放样检核表;
6. 竖曲线计算成果;
7. 绘制线路纵断面图;
8. 绘制线路横断面图。

# 任务一　道路圆曲线坐标计算

## 一、目的与要求

### (一) 技能目标

能够计算圆曲线要素，计算主点里程；能够计算中线点独立坐标；能够进行中线点线路坐标的计算。

道路圆曲线坐标计算理论

### (二) 情感目标

培养学生严谨认真、实事求是的工作态度。

## 二、计算步骤

如图 2-1-1 所示，已知圆曲线半径为 $R$，线路偏角为 $\alpha$，交点的里程 $K_{JD}$，计算圆曲线上各中线点的线路坐标。其计算步骤如下：

道路圆曲线坐标计算案例

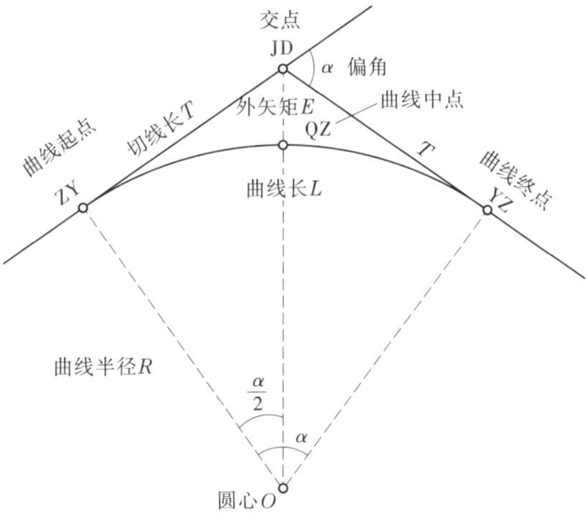


图 2-1-1　道路圆曲线

### (一) 圆曲线要素计算

首先利用三个交点坐标计算出线路偏角 $\alpha$，再利用下面的公式计算：

$$\left.\begin{aligned} T &= R\tan\frac{\alpha}{2} \\ L &= \frac{\pi}{180^\circ}\alpha R \\ E &= R\left(\sec\frac{\alpha}{2}-1\right) \\ q &= 2T-L \end{aligned}\right\} \tag{2-1-1}$$

**(二)圆曲线主点里程计算**

$$\left.\begin{aligned}K_{ZY}&=K_{JD}-T\\K_{YZ}&=K_{ZY}+L\\K_{QZ}&=K_{YZ}-\frac{L}{2}\end{aligned}\right\}\tag{2-1-2}$$

**(三)圆曲线中线点独立坐标计算**

以 ZY 点(YZ 点)为坐标原点 $O'(O'')$,通过 ZY 点(YZ 点)并指向交点 JD 的切线方向为 $x'$轴($x''$轴)正向,过 ZY 点(YZ 点)且指向圆心方向为 $y'$轴($y''$轴)正向,分别建立两个独立的直角坐标系 $x'O'y'$($x''O''y''$),如图 2-1-2 所示。其中,坐标系 $x'O'y'$ 对应于圆曲线 ZY—QZ 段;坐标系 $x''O''y''$ 对应于圆曲线 YZ—QZ 段。

对于 ZY—QZ 段上任意一点 $i$,若要求其在 $x'O'y'$ 中的坐标,设其在线路中的里程桩号为 $K_i$,则 ZY 点至 $i$ 点的弧长 $l_i$ 为

$$l_i=K_i-K_{ZY}\tag{2-1-3}$$

在 $x''O''y''$ 坐标系中,圆曲线 YZ—QZ 段上任意一点弧长 $l_i$ 的计算公式:$l_i=K_{YZ}-K_i$。

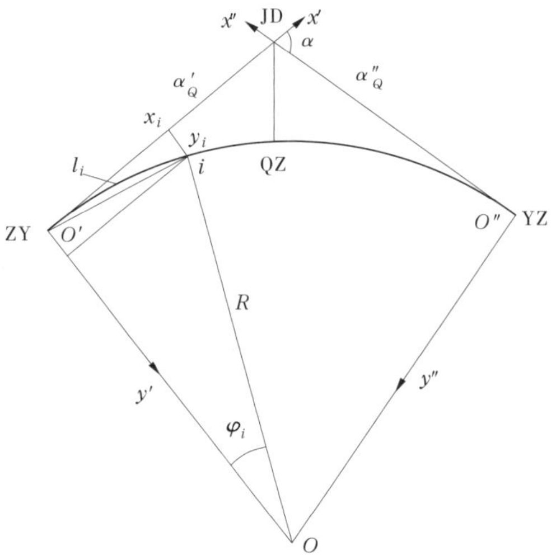


图 2-1-2　圆曲线独立坐标系建立

则其对应的圆心角 $\varphi_i$,$x_i$,$y_i$ 为:

$$\left.\begin{aligned}\varphi_i&=\frac{l_i}{R}\frac{180^\circ}{\pi}\\x_i&=R\sin\varphi_i\\y_i&=R(1-\cos\varphi_i)\end{aligned}\right\}\tag{2-1-4}$$

**(四)圆曲线中线点线路坐标计算**

设 JD 的线路坐标为 $(X_{JD},Y_{JD})$,ZY 点到 JD 点的线路坐标方位角为 $\alpha'_Q$,YZ 点到 JD 的线路坐标方位角为 $\alpha''_Q$,则可以分别求得 ZY 点、YZ 点的线路坐标为

$$\left.\begin{aligned}X_{ZY}&=X_{JD}-T\cos\alpha'_Q\\Y_{ZY}&=Y_{JD}-T\sin\alpha'_Q\\X_{YZ}&=X_{JD}-T\cos\alpha''_Q\\Y_{YZ}&=X_{JD}-T\sin\alpha''_Q\end{aligned}\right\}\tag{2-1-5}$$

利用式(2-1-6)，即可把 ZY—QZ 段线路上 $x'O'y'$ 坐标系中任意一点 $i$ 的独立坐标 $(x_i, y_i)$ 转换为线路坐标 $(X_i, Y_i)$，即

$$\left.\begin{aligned}X_i&=X_{ZY}+x_i\cos\alpha'_Q-y_i\sin\alpha'_Q\\Y_i&=Y_{ZY}+x_i\sin\alpha'_Q+y_i\cos\alpha'_Q\end{aligned}\right\}\tag{2-1-6}$$

利用式(2-1-7)，即可把 YZ—QZ 段线路上 $x''O''y''$ 坐标系中任意一点 $i$ 的独立坐标 $(x_i, y_i)$ 转换为线路坐标 $(X_i, Y_i)$，即

$$\left.\begin{aligned}X_i&=X_{YZ}+x_i\cos\alpha''_Q+y_i\sin\alpha''_Q\\Y_i&=Y_{YZ}+x_i\sin\alpha''_Q-y_i\cos\alpha''_Q\end{aligned}\right\}\tag{2-1-7}$$

需要说明的是，式(2-1-6)和式(2-1-7)均是以线路偏角 $\alpha$ 为右折角的情况推导出来的。当线路偏角 $\alpha$ 为左折角时，只需要用“$-y_i$”代替“$y_i$”即可。

## 三、实例计算

如图 2-1-3 所示，已知线路 $JD_1$(52 342.051，30 059.751)，JD(52 399.496，30 134.436)，$JD_3$(52 438.130，30 219.641)，JD 处圆曲线半径 $R=500$ m，JD 点里程为 K11+390.78 m，请计算圆曲线上各中线点的线路坐标(每 20 m 一点，各中桩点里程尾数取 20 的整数倍)。

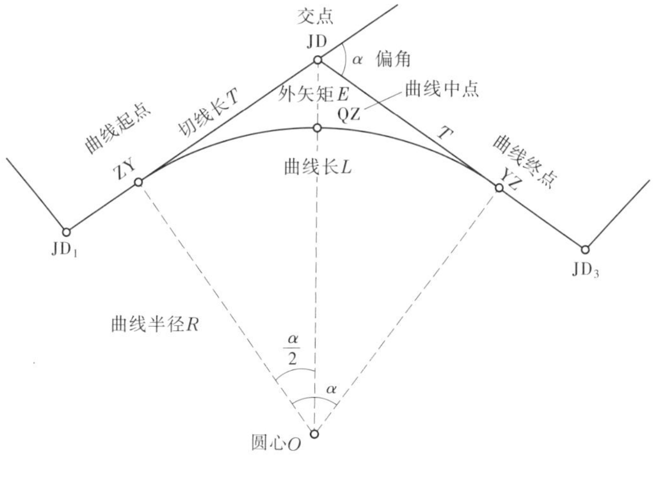


图 2-1-3　道路圆曲线示意

## 四、实训成果

实训结束后，应上交以下成果：

(1)圆曲线要素计算成果表；

(2)道路圆曲线坐标计算成果表。

**道路圆曲线坐标计算成果表(1)**

班级:__________ 学号:__________ 姓名:__________ 组别:__________ 日期:__________

1. 圆曲线要素计算成果表

| | |
|---|---|
| 偏角 $\alpha$ | |
| 切线长 $T$ | |
| 曲线长 $L$ | |
| 外矢距 $E$ | |
| 切曲差 $q$ | |

2. 道路圆曲线坐标计算成果表

| 点名 | 里程 | 曲线点间距 | 弧长 | 圆心角 | 独立坐标 | | 线路坐标 | |
|---|---|---|---|---|---|---|---|---|
| | | | | | $x$ | $y$ | $X$ | $Y$ |
| ZY | | | | | | | | |
| | | | | | | | | |
| | | | | | | | | |
| | | | | | | | | |
| | | | | | | | | |
| QZ | | | | | | | | |
| QZ | | | | | | | | |
| | | | | | | | | |
| | | | | | | | | |
| | | | | | | | | |
| | | | | | | | | |
| YZ | | | | | | | | |

## 道路圆曲线坐标计算成果表(2)

班级:________ 学号:________ 姓名:________ 组别:________ 日期:________

1. 圆曲线要素计算上交表

| | |
|---|---|
| 偏角 $\alpha$ | |
| 切线长 $T$ | |
| 曲线长 $L$ | |
| 外矢距 $E$ | |
| 切曲差 $q$ | |

2. 道路圆曲线坐标计算表

| 点名 | 里程 | 曲线点间距 | 弧长 | 圆心角 | 独立坐标 | | 线路坐标 | |
|---|---|---|---|---|---|---|---|---|
| | | | | | $x$ | $y$ | $X$ | $Y$ |
| ZY | | | | | | | | |
| | | | | | | | | |
| | | | | | | | | |
| | | | | | | | | |
| | | | | | | | | |
| QZ | | | | | | | | |
| QZ | | | | | | | | |
| | | | | | | | | |
| | | | | | | | | |
| | | | | | | | | |
| | | | | | | | | |
| YZ | | | | | | | | |

## 五、成绩考核

（1）自我评价

<table>
<tr><td>项目名称</td><td></td><td>实训场地</td><td colspan="3"></td></tr>
<tr><td>姓名学号</td><td></td><td>班级组别</td><td></td><td>成绩</td><td></td></tr>
<tr><td>序号</td><td>考核项</td><td>分值</td><td>实训要求</td><td>自我评定</td><td>备注</td></tr>
<tr><td>1</td><td>态度、思想意识</td><td>10</td><td>态度认真，思想意识高</td><td></td><td></td></tr>
<tr><td>2</td><td>计算纪律</td><td>20</td><td>遵守纪律，服从指导教师、组长管理</td><td></td><td></td></tr>
<tr><td>3</td><td>计算完成情况</td><td>40</td><td>能独立完成计算内容</td><td></td><td></td></tr>
<tr><td>4</td><td>计算完成时间</td><td>10</td><td>能按时完成计算内容</td><td></td><td></td></tr>
<tr><td>5</td><td>计算成果质量</td><td>20</td><td>规范、完整，计算准确</td><td></td><td></td></tr>
<tr><td colspan="6">实训总结与反思：<br><br><br><br>组长评价：__________　　　　评价时间：________年____月____日</td></tr>
</table>

(2)教师评价

| 任务名称 | | 实训场地 | | | |
|---|---|---|---|---|---|
| 姓名学号 | | 班级组别 | | 成绩 | |
| 序号 | 考核项 | 分值 | 计算要求 | 评定 | 备注 |
| 1 | 态度、思想意识 | 10 | 态度认真,思想意识高 | | |
| 2 | 计算纪律 | 20 | 遵守纪律,服从指导教师、组长管理 | | |
| 3 | 计算完成情况 | 40 | 能独立完成计算内容 | | |
| 4 | 计算完成时间 | 10 | 能按时完成计算内容 | | |
| 5 | 计算成果质量 | 20 | 规范、完整,计算准确 | | |

存在问题:

教师评价:__________　　　　评价时间:________年____月____日

# 任务二 综合曲线线路坐标计算

## 一、目的与要求

### (一)技能目标

能够计算完全非对称性综合曲线要素,计算主点里程;能够计算完全非对称性综合曲线的独立坐标;能够计算完全非对称性综合曲线的线路坐标。

综合曲线线路坐标计算

### (二)情感目标

培养学生严谨认真、实事求是的工作态度。

## 二、计算步骤

如图 2-2-1 所示,某综合曲线,圆曲线半径为 $R$,两缓和曲线长分别为 $l_{S1}$、$l_{S2}$,曲线偏角为 $\alpha$,已知交点里程和交点的坐标,计算综合曲线上中线点的线路坐标。其计算步骤如下:

综合曲线线路坐标计算案例 1

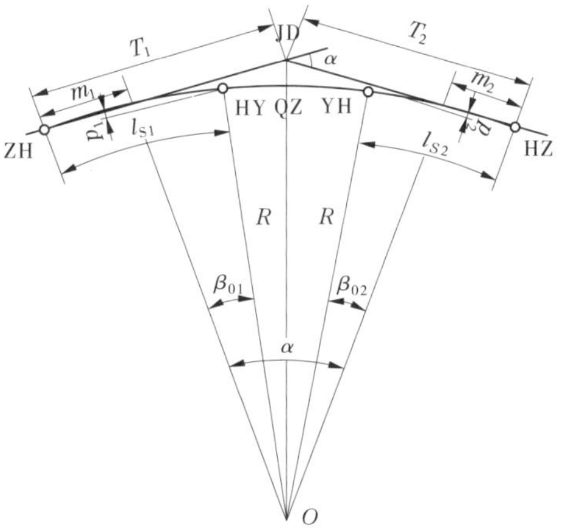


图 2-2-1 完全非对称性综合曲线

### (一)缓和曲线三常数计算

$$
\left.\begin{aligned}
\beta_0 &= \frac{l_S}{2R} \cdot \frac{180^\circ}{\pi} \\
p &= \frac{l_S^2}{24R} - \frac{l_S^4}{2\,688R^3} \\
m &= \frac{l_S}{2} - \frac{l_S^3}{240R^2}
\end{aligned}\right\} \tag{2-2-1}
$$

把第一缓和曲线长 $l_{S1}$、第二缓和曲线长 $l_{S2}$ 分别代入式(2-2-1),即可分别求出两侧缓和曲线的常数 $\beta_{01}$,$p_1$,$m_1$,$\beta_{02}$,$p_2$,$m_2$。

### (二)综合曲线要素计算

第一切线长 $T_1$、第二切线长 $T_2$(见图 2-2-1)的计算公式为

$$\left.\begin{aligned} T_1 &= m_1 + \frac{R + p_2 - (R + p_1)\cos\alpha}{\sin\alpha} \\ T_2 &= m_2 + \frac{R + p_1 - (R + p_2)\cos\alpha}{\sin\alpha} \\ L &= \frac{R(\alpha - \beta_{01} - \beta_{02})\pi}{180^\circ} + l_{S1} + l_{S2} \end{aligned}\right\} \tag{2-2-2}$$

### (三)综合曲线主点里程计算

$$\left.\begin{aligned} K_{ZH} &= K_{JD} - T_1 \\ K_{HY} &= K_{ZH} + l_{S1} \\ K_{YH} &= K_{HY} + (L - l_{S1} - l_{S2}) \\ K_{HZ} &= K_{YH} + l_{S2} \end{aligned}\right\} \tag{2-2-3}$$

### (四)综合曲线独立坐标计算

(1)综合曲线上缓和曲线部分各点独立坐标计算公式:

$$\left.\begin{aligned} x_i &= l_i - \frac{l_i^5}{40R^2 l_{S1}^2} + \frac{l_i^9}{3\,456R^4 l_{S1}^4} \\ y_i &= \frac{l_i^3}{6Rl_{S1}} - \frac{l_i^7}{336R^3 l_{S1}^3} + \frac{l_i^{11}}{42\,240R^5 l_{S1}^5} \end{aligned}\right\} \tag{2-2-4}$$

其中,$l_i = K_i - K_{ZH}$ 或 $l_i = K_{HZ} - K_i$。ZH—HY 段与 YH—HZ 段分别计算。

(2)综合曲线上圆曲线部分各点独立坐标计算公式:

$$\left.\begin{aligned} x_i &= m_1 + R\sin\varphi_i \\ y_i &= p_1 + R(1 - \cos\varphi_i) \end{aligned}\right\} \tag{2-2-5}$$

其中:

$$\left.\begin{aligned} \varphi_i &= \beta_{01} + \frac{l_i - l_{S1}}{R} \cdot \frac{180^\circ}{\pi} = \frac{l_i - 0.5l_{S1}}{R} \cdot \frac{180^\circ}{\pi} \\ l_i &= K_i - K_{ZH} \text{ 或 } l_i = K_{HZ} - K_i \end{aligned}\right\} \tag{2-2-6}$$

HY—QZ 段与 QZ—YH 段分别计算。计算时注意使用对应的 $m$、$p$、$l_S$ 值。

### (五)综合曲线上线路坐标计算

设 JD 的线路坐标为 $(X_{JD}, Y_{JD})$,ZH 点到 JD 点的线路坐标方位角为 $\alpha_{ZH}$,HZ 点到 JD 的线路坐标方位角为 $\alpha_{HZ}$,则可以分别求得 ZH 点、HZ 点的线路坐标为

$$\left.\begin{aligned} X_{ZH} &= X_{JD} - T\cos\alpha_{ZH} \\ Y_{ZH} &= Y_{JD} - T\sin\alpha_{ZH} \\ X_{HZ} &= X_{JD} - T\cos\alpha_{HZ} \\ Y_{HZ} &= Y_{JD} - T\sin\alpha_{HZ} \end{aligned}\right\} \tag{2-2-7}$$

利用坐标换算公式,即可把综合曲线 ZH—QZ 段上 $x'O'y'$ 坐标系中任意一点 $i$ 的独

立坐标 $(x_i,y_i)$ 转换为线路坐标 $(X_i,Y_i)$，即

$$\left.\begin{aligned}X_i&=X_{ZH}+x_i\cos\alpha_{ZH}-y_i\sin\alpha_{ZH}\\Y_i&=Y_{ZH}+x_i\sin\alpha_{ZH}+y_i\cos\alpha_{ZH}\end{aligned}\right\}\tag{2-2-8}$$

利用坐标换算即可把综合曲线 QZ—HZ 段上 $x''O''y''$ 坐标系中任意一点 $i$ 的独立坐标 $(x_i,y_i)$ 转换为线路坐标 $(X_i,Y_i)$，即

$$\left.\begin{aligned}X_i&=X_{HZ}+x_i\cos\alpha_{HZ}+y_i\sin\alpha_{HZ}\\Y_i&=Y_{HZ}+x_i\sin\alpha_{HZ}-y_i\cos\alpha_{HZ}\end{aligned}\right\}\tag{2-2-9}$$

需要说明的是，式(2-2-8)和式(2-2-9)均是以线路偏角 $\alpha$ 为右折角的情况推导出来的。当线路偏角 $\alpha$ 为左折角时，只需要用“$-y_i$”代替“$y_i$”即可。

## 三、实例计算

在某综合曲线中，圆曲线半径 $R=600$ m，$l_{S1}=60$ m，$l_{S2}=54$ m，$\alpha=20°18'40''$，JD 里程为 DK15+449.14 m，JD 坐标为(4 653.875，2 688.923)，ZH 点到 JD 点的线路坐标方位角 $\alpha_{ZH}$ 为 62°48′12″，JD 点到 HZ 点的线路坐标方位角为 83°06′52″，请计算综合曲线上中线点的线路坐标(每 20 m 一点，各中桩点里程尾数取 20 的整数倍)。

综合曲线路坐标计算案例 2

## 四、实训成果

实训结束后，上交综合曲线线路坐标计算成果表。

(1)缓和曲线三常数计算表；

(2)综合曲线要素计算表；

(3)综合曲线线路坐标计算表。

## 综合曲线线路坐标计算成果表

班级:__________ 姓名:__________ 学号:__________ 组别:__________ 日期:__________

1. 缓和曲线三常数计算表

| 第一缓和曲线三常数 | | 第二缓和曲线三常数 | |
|---|---|---|---|
| $\beta_{01}$ | | $\beta_{02}$ | |
| $p_1$ | | $p_2$ | |
| $m_1$ | | $m_2$ | |

2. 综合曲线要素计算表

| | | |
|---|---|---|
| 切线长 $T$ | $T_1$ | |
| | $T_2$ | |
| 曲线长 $L$ | | |

3. 综合曲线线路坐标计算表

| 点号 | 里程 | 曲线点间距 | 弧长 | 圆心角 | 独立坐标 | | 线路坐标 | |
|---|---|---|---|---|---|---|---|---|
| | | | | | $x$ | $y$ | $X$ | $Y$ |
| ZH | | | | | | | | |
| | | | | | | | | |
| | | | | | | | | |
| | | | | | | | | |
| HY | | | | | | | | |
| | | | | | | | | |
| | | | | | | | | |
| | | | | | | | | |
| QZ | | | | | | | | |
| QZ | | | | | | | | |
| | | | | | | | | |
| | | | | | | | | |
| | | | | | | | | |
| YH | | | | | | | | |
| | | | | | | | | |
| | | | | | | | | |
| | | | | | | | | |
| | | | | | | | | |
| HZ | | | | | | | | |

## 五、成绩考核

(1)自我评价

<table>
<tr><td>项目<br>名称</td><td></td><td>实训<br>场地</td><td colspan="3"></td></tr>
<tr><td>姓名<br>学号</td><td></td><td>班级<br>组别</td><td></td><td>成绩</td><td></td></tr>
<tr><td>序号</td><td>考核项</td><td>分值</td><td>实训要求</td><td>自我<br>评定</td><td>备注</td></tr>
<tr><td>1</td><td>态度、思想意识</td><td>10</td><td>态度认真,思想意识高</td><td></td><td></td></tr>
<tr><td>2</td><td>计算纪律</td><td>20</td><td>遵守纪律,服从指导教师、组长管理</td><td></td><td></td></tr>
<tr><td>3</td><td>计算完成情况</td><td>40</td><td>能独立完成计算内容</td><td></td><td></td></tr>
<tr><td>4</td><td>计算完成时间</td><td>10</td><td>能按时完成计算内容</td><td></td><td></td></tr>
<tr><td>5</td><td>计算成果质量</td><td>20</td><td>规范、完整,计算准确</td><td></td><td></td></tr>
<tr><td colspan="6">实训总结与反思:<br><br><br><br>组长评价:__________ 评价时间:________年____月____日</td></tr>
</table>

(2)教师评价

<table>
<tr><td>任务<br>名称</td><td></td><td>实训<br>场地</td><td colspan="3"></td></tr>
<tr><td>姓名<br>学号</td><td></td><td>班级<br>组别</td><td></td><td>成绩</td><td></td></tr>
<tr><td>序号</td><td>考核项</td><td>分值</td><td>实训要求</td><td>评定</td><td>备注</td></tr>
<tr><td>1</td><td>态度、思想意识</td><td>10</td><td>态度认真,思想意识高</td><td></td><td></td></tr>
<tr><td>2</td><td>计算纪律</td><td>20</td><td>遵守纪律,服从指导教师、组长管理</td><td></td><td></td></tr>
<tr><td>3</td><td>计算完成情况</td><td>40</td><td>能独立完成计算内容</td><td></td><td></td></tr>
<tr><td>4</td><td>计算完成时间</td><td>10</td><td>能按时完成计算内容</td><td></td><td></td></tr>
<tr><td>5</td><td>计算成果质量</td><td>20</td><td>规范、完整,计算准确</td><td></td><td></td></tr>
<tr><td colspan="6">存在问题:<br><br><br>教师评价:__________　　　　　　评价时间:________年____月____日</td></tr>
</table>

# 任务三　互通立交匝道线型线路坐标计算

## 一、目的与要求

### (一)技能目标

能够正确计算非完全缓和曲线线路坐标。

### (二)情感目标

培养学生严谨认真、一丝不苟的学习态度;培养学生理论计算能力。

互通立交匝道线型线路坐标计算

## 二、计算步骤

如图 2-3-1 所示为一段非完全缓和曲线,起点为 $Q$,终点为 $Z$,缓和曲线参数为 $A$,起点 $Q$ 的线路坐标为($X_Q$,$Y_Q$),两切线交点 JD 的线路坐标为($X_{JD}$,$Y_{JD}$),计算缓和曲线上任意一点 $i$ 的线路坐标($X_i$,$Y_i$)。

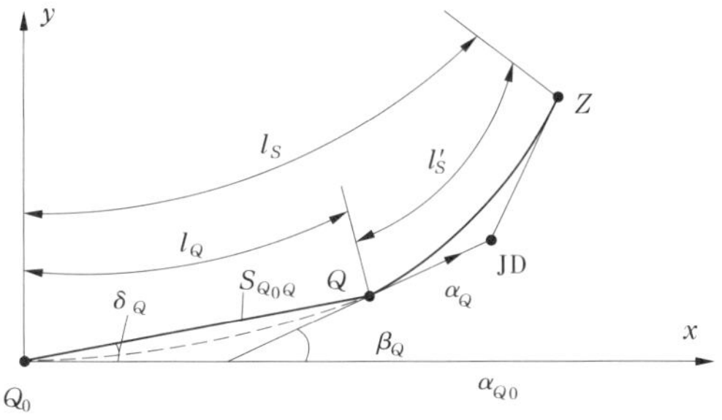


图 2-3-1　非完全缓和曲线计算

### (一)判定非完全缓和曲线

$$\left.\begin{aligned} l'_S &= K_Z - K_Q \\ l_S &= \frac{A^2}{R} \end{aligned}\right\} \tag{2-3-1}$$

若两点间的弧长 $l'_S$ 满足 $l'_S < l_S$,则该缓和曲线必然为非完全曲线。

### (二)计算缓和曲线被舍弃段弧长

缓和曲线被舍弃段弧长 $l_Q$ 为

$$l_Q = l_S - l'_S \tag{2-3-2}$$

### (三)计算缓和曲线半径为∞处切线方位角

起点 $Q$ 处切线与缓和曲线半径为∞处切线之间的夹角 $\beta_Q$ 为

$$\beta_Q = \frac{l_Q^2}{2Rl_S} \cdot \frac{180°}{\pi} \tag{2-3-3}$$

$$\tan\alpha_Q = \frac{Y_{JD} - Y_Q}{X_{JD} - X_Q} \tag{2-3-4}$$

缓和曲线半径为∞($Q_0$ 点)处的切线方位角为

$$\alpha_{Q_0} = \alpha_Q \pm \beta_Q \tag{2-3-5}$$

式(2-3-5)中,当缓和曲线位于 $Q_0$ 切线左侧时,取"+",当缓和曲线位于 $Q_0$ 切线右侧时,取"-"。

**(四)计算缓和曲线半径为∞处线路坐标**

(1)起点 $Q$ 的独立坐标 $(x_Q, y_Q)$ 计算:

$$\left.\begin{aligned} x_Q &= l_Q - \frac{l_Q^5}{40R^2L_S^2} + \frac{l_Q^9}{3\,456R^4L_S^4} \\ y_Q &= \frac{l_Q^3}{6Rl_S} - \frac{l_Q^7}{336R^3L_S^3} + \frac{l_Q^{11}}{42\,240R^5L_S^5} \end{aligned}\right\} \tag{2-3-6}$$

(2)求出 $Q_0Q$ 方向与 $Q_0$ 点处切线方向之间的夹角 $\delta_Q$ 及 $Q_0$、$Q$ 之间距离 $S_{Q_0Q}$:

$$\left.\begin{aligned} \delta_Q &= \arctan\left(\frac{y_Q}{x_Q}\right) \\ S_{Q_0Q} &= \sqrt{x_Q^2 + y_Q^2} \end{aligned}\right\} \tag{2-3-7}$$

(3)求出 $Q_0Q$ 方向的坐标方位角 $\alpha_{Q_0Q}$:

$$\alpha_{Q_0Q} = \alpha_{Q_0} \mp \delta_Q \tag{2-3-8}$$

式(2-3-8)中,当缓和曲线位于 $Q_0$ 切线左侧时,取"-",当缓和曲线位于 $Q_0$ 切线右侧时,取"+"。

(4)求出 $Q_0$ 点的线路坐标:

$$\left.\begin{aligned} X_{Q_0} &= X_Q - S_{Q_0Q}\cos\alpha_{Q_0Q} \\ Y_{Q_0} &= Y_Q - S_{Q_0Q}\sin\alpha_{Q_0Q} \end{aligned}\right\} \tag{2-3-9}$$

**(五)计算缓和曲线上任意一点 $i$ 线路坐标**

(1)设缓和曲线上任意一点 $i$ 的里程桩号为 $K_i$,则可求出 $i$ 点至起点 $Q$ 之间的弧长为 $l_i$,且:

$$l_i = |K_i - K_Q| \tag{2-3-10}$$

则 $i$ 点至缓和曲线半径为∞($Q_0$ 点)处的弧长 $l'_i$ 为

$$l'_i = l_i + l_Q \tag{2-3-11}$$

(2)求出 $i$ 点的独立坐标 $(x_i, y_i)$:

$$\left.\begin{aligned} x_i &= l'_i - \frac{l'^5_i}{40R^2l_S^2} + \frac{l'^9_i}{3\,456R^4l_S^4} \\ y_i &= \frac{l'^3_i}{6Rl_S} - \frac{l'^7_i}{336R^3l_S^3} + \frac{l'^{11}_i}{42\,240R^5l_S^5} \end{aligned}\right\} \tag{2-3-12}$$

(3)把非完全缓和曲线上任意一点 $i$ 的独立坐标 $(x_i, y_i)$ 转换为线路坐标 $(X_i, Y_i)$,即

$$\left.\begin{aligned} X_i &= X_{Q_0} + x_i\cos\alpha_{Q_0} \mp y_i\sin\alpha_{Q_0} \\ Y_i &= Y_{Q_0} + x_i\sin\alpha_{Q_0} \pm y_i\cos\alpha_{Q_0} \end{aligned}\right\} \tag{2-3-13}$$

式(2-3-13)中,当缓和曲线位于 $Q_0$ 切线左侧时,"∓"符号取"+","±"符号取"-";当缓和曲线位于 $Q_0$ 切线右侧时,"∓"符号取"-","±"符号取"+"。

## 三、实例计算

有一缓和曲线,与圆曲线连接处为 $Z$ 点,半径 $R=500$ m,里程为 K0+689.528 m,起点 $Q$ 里程为 K0+919.215 m,$Q$ 点线路坐标为(4 960.328,3 365.091),$Q$、$Z$ 两端切线的交点为 JD,其线路坐标为(5 106.379,3 334.955),缓和曲线参数 $A=350$。试求 0+900 m 处的线路坐标。

## 四、实训成果

实训结束后,上交缓和曲线计算成果表。

(1)判定非完全缓和曲线的计算成果;

(2)缓和曲线半径为∞处切线方位角的计算成果;

(3)缓和曲线半径为∞处线路坐标的计算成果;

(4)缓和曲线上任意一点 $i$ 线路坐标的计算成果。

**缓和曲线计算成果表**

班级:________ 姓名:________ 学号:________ 组别:________ 日期:________

1. 判定非完全缓和曲线的计算成果

| $l'_S$ | $l_S$ | $l_Q$ |
|---|---|---|
| | | |

2. 缓和曲线半径为∞处切线方位角的计算成果

| $\beta_Q$ | $\alpha_Q$ | $\alpha_Q$ |
|---|---|---|
| | | |

3. 缓和曲线半径为∞处线路坐标的计算成果

| $x_Q$ | $y_Q$ | $\delta_Q$ | $S_{Q_0Q}$ | $\alpha_{Q_0Q}$ | $X_{Q_0}$ | $Y_{Q_0}$ |
|---|---|---|---|---|---|---|
| | | | | | | |

4. 缓和曲线上任意一点 $i$ 线路坐标的计算成果

| $l_i$ | $l'_i$ | $x_i$ | $y_i$ | $X_i$ | $Y_i$ |
|---|---|---|---|---|---|
| | | | | | |

## 五、成绩考核

(1)自我评价

<table>
<tr><td>任务名称</td><td></td><td>实训场地</td><td colspan="3"></td></tr>
<tr><td>姓名学号</td><td></td><td>班级组别</td><td></td><td>成绩</td><td></td></tr>
<tr><td>序号</td><td>考核项</td><td>分值</td><td>实训要求</td><td>自我评定</td><td>备注</td></tr>
<tr><td>1</td><td>态度、思想意识</td><td>10</td><td>态度认真,思想意识高</td><td></td><td></td></tr>
<tr><td>2</td><td>计算纪律</td><td>10</td><td>遵守纪律,服从指导教师、组长管理</td><td></td><td></td></tr>
<tr><td>3</td><td>计算完成情况</td><td>50</td><td>能独立完成计算内容</td><td></td><td></td></tr>
<tr><td>4</td><td>计算完成时间</td><td>10</td><td>能按时完成计算内容</td><td></td><td></td></tr>
<tr><td>5</td><td>计算成果质量</td><td>20</td><td>规范、完整,计算准确</td><td></td><td></td></tr>
<tr><td colspan="6">实训总结与反思:<br><br><br>组长评价:__________ 评价时间:________年____月____日</td></tr>
</table>

(2)教师评价

| 任务名称 | | 实训场地 | | | |
|---|---|---|---|---|---|
| 姓名学号 | | 班级组别 | | 成绩 | |
| 序号 | 考核项 | 分值 | 实训要求 | 评定 | 备注 |
| 1 | 态度、思想意识 | 10 | 态度认真,思想意识高 | | |
| 2 | 计算纪律 | 10 | 遵守纪律,服从指导教师、组长管理 | | |
| 3 | 计算完成情况 | 50 | 能独立完成计算内容 | | |
| 4 | 计算完成时间 | 10 | 能按时完成计算内容 | | |
| 5 | 计算成果质量 | 20 | 规范、完整,计算准确 | | |
| 存在问题:<br><br>教师评价:________ 评价时间:______年___月___日 | | | | | |

# 任务四 全站仪中桩法道路放样

## 一、目的与要求

### (一)技能目标

能够在全站仪中输入道路参数;能够使用全站仪进行中桩法道路放样。

### (二)情感目标

培养学生严谨认真、吃苦耐劳的工作作风。

全站仪中桩法道路放样理论

## 二、仪器与器材

全站仪及配套的脚架1套、单杆棱镜1套、记号笔。

## 三、实训任务

(1)某市拟修建一条公路,设计人员经过外业的实地勘察,在已经测绘了的地形图上,用相应的软件设计出了道路的定线参数,如表2-4-1所示。现准备采用全站仪道路程序直接进行道路中线的放样,要求每100 m放样一点,请进行具体的施测工作。

全站仪中桩法道路放样实训

表2-4-1 交点法道路定线参数表

| 交点号 | 交点坐标 | | 交点桩号 | 曲线要素值/m | | |
|---|---|---|---|---|---|---|
| | N(X) | E(Y) | | 半径 | 缓和曲线参数 | 缓和曲线长度 |
| 1 | 2 | 3 | 4 | 5 | 6 | 7 |
| $JD_0$ | 1 100 | 1 050 | K0+000 | | | |
| $JD_1$ | 1 300 | 1 750 | | 100 | 80 | 64 |
| $JD_2$ | 1 750 | 1 400 | | 200 | 0 | |
| $JD_3$ | 2 000 | 1 800 | | | | |

(2)某单位内部拟修建一条内部道路,设计人员经过外业的实地勘察,在已经测绘的地形图上,用相应的软件设计出了道路的定线参数,如表2-4-2所示。现准备采用全站仪道路程序直接进行道路中线的放样,要求每5 m放样一点,请进行具体的施测工作。

**表 2-4-2　交点法道路定线参数表**

| 交点号 | 交点坐标 | | 交点桩号 | 转角值 | 曲线要素值/m | | | | | 备注 |
|---|---|---|---|---|---|---|---|---|---|---|
| | N(*X*) | E(*Y*) | | | 半径 | 缓和曲线长度 | 缓和曲线参数 | 切线长度 | 曲线长度 | |
| 1 | 2 | 3 | 4 | 5 | 6 | 7 | 8 | 9 | 10 | 11 |
| $JD_0$ | 3 851 146. 806 | 486 101. 9752 | K0+000 | | | | | | | |
| $JD_1$ | 3 851 149. 573 | 486 140. 5116 | K0+038. 636 | 16°09′44. 9″(Y) | 50 | 5 | 15. 811 | 9. 602 | 19. 104 4 | |
| $JD_2$ | 3 851 140. 966 | 486 180. 817 4 | K0+079. 751 | 23°22′27. 5″(Z) | 55 | | | 11. 377 | 22. 437 7 | |
| $JD_3$ | 3 851 146. 513 | 486 208. 530 3 | K0+107. 697 | 27°34′49. 4″(Y) | 25 | 5. 000<br>7. 000 | 11. 180<br>13. 229 | 8. 732<br>9. 568 | 18. 034 2 | |
| $JD_4$ | 3 851 132. 989 | 486 254. 896 | K0+155. 729 | 16°54′13. 6″(Z) | 60 | 10 | 24. 495 | 13. 925 | 27. 701 6 | |
| $JD_5$ | 3 851 133. 789 | 486 326. 211 4 | K0+226. 902 | 10°27′00. 9″(Y) | 160 | | | 14. 632 | 29. 182 6 | |
| $JD_6$ | 3 851 122. 879 | 486 389. 325 9 | K0+290. 871 | 11°30′30. 8″(Z) | 100 | 5. 000<br>10. 000 | 22. 361<br>31. 623 | 12. 735<br>14. 924 | 27. 586 2 | |
| $JD_7$ | 3 851 124. 285 | 486 436. 658 3 | K0+338. 152 | | | | | | | |
| | | | | | | | | | | |

## 四、步骤与方法

以实训任务(1)为例。

### (一)设置

(1)开机,先初始化道路数据,清空以前的道路数据,如图 2-4-1 所示。

初始化道路数据操作步骤如下。

| 操作过程 | 操作 | 显示 |
|---|---|---|
| ①按[MENU]键,再按[F4](P↓),[F1],[F4],进入程序菜单页 2/2 | [MENU]<br>[F4]<br>[F1]<br>[F4] | 程序 2/2<br>F1:面积<br>F2:点到线测量<br>F3:道路 P↓ |
| ②按[F3],[F3]键 | [F3]<br>[F3] | 初始化数据<br>删除道路数据!<br><br>>OK? [否] [是] |
| ③一旦按下[F4](是)键,则除坐标数据文件外所有道路数据将被删除。按下[F4]键 | [F4] | |

图 2-4-1 道路初始化操作

(2)输入道路起始点。

JD0:N=1100.000,E=1050.000,桩号:K0+000 m ,间距:100.000 m,如图 2-4-2 所示。

输入起始点操作步骤如下:

| 操作过程 | 操作 | 显示 |
|---|---|---|
| ①按[MENU]键,再按[F4](P↓),[F1],[F4]键进入程序菜单页 2/2 | [MENU]<br>[F4]<br>[F1]<br>[F4] | 程序 2/2<br>F1:面积<br>F2:点到线测量<br>F3:道路 P↓ |
| ②按[F3],[F1],[F1]键 | [F3]<br>[F1]<br>[F1] | 起始点<br>N>1100.000 m<br>E: 1050.000 m<br>输入 --- --- 回车 |
| ③输入坐标 N,E<br>④按[ENT]键 | 输入坐标<br>[ENT] | 起始点<br>桩号>0.000 m<br>间距: 100.000 m<br>输入 --- --- 回车<br><br>< 设置! > |
| ⑤输入桩号、间距<br>⑥按[ENT]键 | 输入数据<br>[ENT] | 输入数据<br>F1: 起始点<br>F2: 水平定线 |

图 2-4-2 输入道路起点数据

(3)输入第一个交点数据。

JD1:N = 1300.000,E = 1750.000,R = 100.000 m,A1 = 80.000 m,A2 = 80.000 m,如图 2-4-3 所示。

• 输入交点数据

| 操作过程 | 操作 | 显示 |
| --- | --- | --- |
| ①按[F4],进入交点输入页面 | [F4] | F1:直线<br>F2:圆曲线<br>F3:缓和曲线<br>F4:交点 |
| ②输入 N 坐标 | 输入 N | 交点 01<br>N>1300.000 m<br>E:1750.000 m<br>输入 --- --- 回车 |
| ③按[ENT]健 | [ENT] | 交点 01<br>N>1300.000 m<br>E:1750.000 m<br>输入 --- --- 回车 |
| ④输入 E 坐标<br>⑤按[ENT]键 | 输入 E<br>[ENT] | R> 100.000 m<br>A1: 80.000<br>A2: 80.000<br>输入 --- 跳过 回车 |
| ⑥输入 R(半径)*1<br>⑦按[ENT]键 | 输入 R<br>[ENT] | R: 100.000 m<br>A1> 80.000<br>A2: 80.000<br>输入 --- 跳过 回车 |
| ⑧输入 A1(缓和曲线参数)*1<br>⑨按[ENT]键 | 输入 A1<br>[ENT] | R: 100.000 m<br>A1: 80.000<br>A2> 80.000<br>输入 --- 跳过 回车 |
| ⑩输入 A2(缓和曲线参数)*1<br>⑪按[ENT]键 | 输入 A2<br>[ENT] | ……<br>< 设置!> |
| *1:若该数据无须输入,则可按[跳过]键;<br>• 在输入交点数据时,若下一个数据不再是交点数据,则不论其 R、Al、A2 值如何,道路计算时均视其为直线。 | | |

图 2-4-3 输入第一个交点数据

(4)输入第二个交点数据。

$JD_2$:N = 1750.000,E = 1 400.000,R = 200.000 m,A1 = A2 = 0,如图 2-4-4 所示。

• 输入交点数据

| 操作过程 | 操作 | 显示 |
| --- | --- | --- |
| | | F1：直线<br>F2：圆曲线<br>F3：缓和曲线<br>F4：交点 |
| ①按[F4]，进入交点输入页面 | [F4] | 交点 02<br>N>1750.000 m<br>E：1400.000 m<br>输入 --- --- 回车 |
| ②输入 N 坐标<br>③按[ENT]键 | 输入 N<br>[ENT] | 交点 02<br>N>1750.000 m<br>E：1400.000 m<br>输入 --- --- 回车 |
| ④输入 E 坐标<br>⑤按[ENT]键 | 输入 E<br>[ENT] | R> 200.000 m<br>A1： 0.000<br>A2： 0.000<br>输入 --- 跳过 回车 |
| ⑥输入 R(半径) ＊1<br>⑦按[ENT]键 | 输入 R<br>[ENT] | R： 200.000 m<br>A1> 0.000<br>A2： 0.000<br>输入 --- 跳过 回车 |
| ⑧输入 Al (缓和曲线参数) ＊1<br>⑨按[ENT]键 | 输入 Al<br>[ENT] | R： 200.000 m<br>A1> 0.000<br>A2： 0.000<br>输入 --- 跳过 回车 |
| ⑩输入 A2 (缓和曲线参数) ＊1<br>⑪按[ENT]键 | 输入 A2<br>[ENT] | ……<br>< 设置！ > |
| ＊1：若该数据无需输入，则可按【跳过】键；<br>• 在输入交点数据时，若下一个数据不再是交点数据，则不论其 R、A1、A2 值如何，道路计算时均视其为直线。 | | |

图 2-4-4 输入第二个交点数据

(5)输入终点。

$JD_3$：N = 2000.000，E = 1800.000，R = 0.000，A1 = A2 = 0.000，如图 2-4-5 所示。

• 输入交点数据

| 操作过程 | 操作 | 显示 |
| --- | --- | --- |
| | | F1：直线<br>F2：圆曲线<br>F3：缓和曲线<br>F4：交点 |
| ①按[F4]，进入交点输入页面 | [F4] | 交点 03<br>N>2000.000 m<br>E：1800.000 m<br>输入 --- --- 回车 |
| ②输入 N 坐标<br>③按[ENT]键 | 输入 N<br>[ENT] | 交点 03<br>N>2000.000 m<br>E：1800.000 m<br>输入 --- --- 回车 |
| ④输入 E 坐标<br>⑤按[ENT]键 | 输入 E<br>[ENT] | R> 0.000 m<br>A1： 0.000<br>A2： 0.000<br>输入 --- 跳过 回车 |

图 2-4-5 输入终点数据

到此，交点法设计道路完毕，可以按[ESC]键退出到道路初始界面。

**(二)全站仪道路放样**

(1)选择坐标数据文件，如图 2-4-6 所示。

如需调用某个文件中的坐标作为测站点和后视点，则可按如下步骤选择文件。

| 操作过程 | 操作 | 显示 |
| --- | --- | --- |
| ①按[MENU]键，再按[F4](P↓)，[F1]，[F4]，进入程序菜单 2/2 | [MENU]<br>[F4]<br>[F1]<br>[F4] | 程序 2/2<br>F1:面积<br>F2:点到线测量<br>F3:道路 P↓ |
| ②按[F3]，[F2]键 | [F3]<br>[F2] | 道路放样<br>F1: 测站设置<br>F2: 道路放样<br>F3: 选择文件 |
| ③按[F3]键 | [F3] | |
| ④输入待调用文件的名字(或者由调用列表中选定) | 选择文件 | 选择文件<br>FN：________<br>输入 调用 --- 回车 |
| ⑤按[ENT]键 | [ENT] | …… |

图 2-4-6 选择坐标数据文件

(2)调用坐标数据,设置测站和后视定向,见图 2-4-7。

测站设置与后视定向操作步骤如下。

| 操作过程 | 操作 | 显示 |
| --- | --- | --- |
| ①按[MENU]键,再按[F4](P↓),[F1],[F4],进入程序菜单 2/2 | [MENU]<br>[F4]<br>[F1]<br>[F4] | 程序 2/2<br>F1:面积<br>F2:点到线测量<br>F3:道路 P↓ |
| ②按[F3],[F2],[F1]键 | [F3]<br>[F2]<br>[F1] | 测站设置<br>F1: 测站设置<br>F2: 后方交会 |
| ③按[F1]键＊1 | [F1] | 测站设置<br>F1: 坐标数据<br>F2: 道路数据 |
| ④输入测站点,可按[F1](坐标数据)键或者[F2](道路数据)键<br>坐标数据:测站点坐标由坐标数据文件中调用;<br>道路数据:测站点坐标由给定道路数据计算得到<br>(本例选择道路数据) | [F1] | 测站点<br>点号:1<br>输入 调用 坐标 回车 |
| ⑤输入测站点,按[ENT]键 | 输入测站点<br>[ENT] | 后视<br>点号: 2<br>输入 调用 坐标 回车 |
| ⑥输入后视点,按[ENT]键 | 输入后视点<br>[ENT] | |
| ⑩照准后视点 | 照准后视点 | 后视<br>H(B)=223° 16′ 00″<br>>照准? [是] [否] |
| ⑪按[F3](是) | [F3] | < 设置! > |
| | | 道路放样<br>F1: 测站设置<br>F2: 道路放样<br>F3: 选择文件 |

图 2-4-7 测站设置与后视定向

(3)道路放样,见图 2-4-8。

道路放样操作步骤如下。

| 操作过程 | 操作 | 显示 |
|---|---|---|
| ①按[MENU]键,再按[F4](P↓),[F1],[F4],进入程序菜单 2/2 | [MENU]<br>[F4]<br>[F1]<br>[F4] | 程序 2/2<br>F1:面积<br>F2:点到线测量<br>F3:道路 P↓ |
| ⑦按[F3],[F2],[F2]键 | [F3]<br>[F2]<br>[F2] | 道路放样<br>桩号: 1000.000<br>输入 --- --- 回车 |
| ③输入数据 | 输入数据 | 道路放样<br>桩号: 1200<br>输入 --- --- 回车 |
| ④按[ENT]键 | [ENT] | 桩号: 1200<br>>中线<br>左边线 右边线 --- 回车 |
| ⑤选择偏距,按[F2]键<br>(本例选择右边) * 1 | [F2] | 桩号: 1200<br>>右边<br>=5<br>[-] [-] [CLR] [ENT] |
| ⑥输入偏距值,按[ENT]键 | 输入偏距值<br>[ENT] | |
| ⑦按[ENT]键显示放样点坐标 | [ENT] | 桩号: 1200.00R5.0<br>N: 1788.671m<br>E: 1521.369m<br>>OK? [是] [否] |
| ⑧按[F3]键<br>显示放样点的距离和方向角<br>HR:放样点的水平角计算值<br>HD:仪器到放样点的水平距离计算值 | [F3] | 计算<br>HR=0° 26′ 10″<br>HD=189.424m<br>角度 距离 --- 回车 |

(a)道路放样操作 1

图 2-4-8 道路放样操作

| 操作过程 | 操作 | 显示 |
| --- | --- | --- |
| ⑨按[F1](角度)键<br>桩号:放样点<br>HR:实际测量的水平角<br>dHR:对准放样点转动的水平角<br>=实际水平角-计算的水平角<br>当 dHR=0°00′00″时,即表明放样方向正确 | [F1] | 桩号: 1200.00R5.0<br>HR: 223° 16′ 00″<br>dHR:-137° 10′ 10″<br>输入 --- 坐标 --- |
| ⑩按[F1](距离)键<br>HD:实测的水平距离<br>dHD:对准放样点尚差的水平距离<br>=实测距离-计算距离 | [F1] | HD: 100.000 m<br>dHD: 0.000 m<br>模式 角度 坐标 继续 |
| ⑪按[F3](坐标)键显示坐标数据 | [F3] | N: 70.000 m<br>E: 50.000 m<br>模式 角度 --- 继续 |
| ⑫按[F4](继续)键,进行下一个放样点的测设 | [F4] | |
| *1:若不选择偏距,可按[ENT]键。 | | |

(b)道路放样操作 2

续图 2-4-8

## 五、实训成果

实训结束后,上交全站仪中桩法道路放样坐标检核表。

## 全站仪中桩法道路放样坐标检核表

班级:__________ 姓名:__________ 学号:__________ 组别:__________ 日期:__________

### 全站仪中桩法道路放样坐标检核表 1

| 桩号 | 设计坐标 | | 检核坐标 | | 备注 |
|---|---|---|---|---|---|
| | X | Y | X | Y | |
| | | | | | |
| | | | | | |
| | | | | | |
| | | | | | |
| | | | | | |
| | | | | | |
| | | | | | |
| | | | | | |
| | | | | | |
| | | | | | |
| | | | | | |

### 全站仪中桩法道路放样坐标检核表 2

| 桩号 | 设计坐标 | | 检核坐标 | | 备注 |
|---|---|---|---|---|---|
| | X | Y | X | Y | |
| | | | | | |
| | | | | | |
| | | | | | |
| | | | | | |
| | | | | | |
| | | | | | |
| | | | | | |
| | | | | | |
| | | | | | |
| | | | | | |
| | | | | | |

## 六、成绩考核

(1)自我评价

<table>
<tr><td>任务名称</td><td></td><td>实训场地</td><td colspan="3"></td></tr>
<tr><td>姓名学号</td><td></td><td>班级组别</td><td></td><td>成绩</td><td></td></tr>
<tr><td>序号</td><td>考核项</td><td>分值</td><td>实训要求</td><td>自我评定</td><td>备注</td></tr>
<tr><td>1</td><td>实训态度、思想意识</td><td>20</td><td>实训态度认真,思想意识高</td><td></td><td></td></tr>
<tr><td>2</td><td>实训纪律、团队协作</td><td>10</td><td>遵守纪律,服从管理,团队协作能力强</td><td></td><td></td></tr>
<tr><td>3</td><td>道路参数的输入情况</td><td>10</td><td>道路参数的输入正确、完整</td><td></td><td></td></tr>
<tr><td>4</td><td>点位放样精确度</td><td>10</td><td>成果精度符合限差要求</td><td></td><td></td></tr>
<tr><td>5</td><td>记录、计算准确性与整洁性</td><td>10</td><td>记录规范、完整,计算准确</td><td></td><td></td></tr>
<tr><td>6</td><td>实训内容完成情况</td><td>10</td><td>能独立完成各实训内容</td><td></td><td></td></tr>
<tr><td>7</td><td>实训内容完成时间</td><td>10</td><td>能按时完成各实训内容</td><td></td><td></td></tr>
<tr><td>8</td><td>实训安全情况</td><td>10</td><td>实训安全,无事故</td><td></td><td></td></tr>
<tr><td>9</td><td>分析问题和解决问题的能力</td><td>10</td><td>分析和解决实训问题的能力强</td><td></td><td></td></tr>
<tr><td colspan="6">实训总结与反思:<br><br><br>组长评价:__________ 评价时间:_______年____月____日</td></tr>
</table>

(2)教师评价

| 任务名称 | | 实训场地 | | | |
|---|---|---|---|---|---|
| 姓名学号 | | 班级组别 | | 成绩 | |
| 序号 | 考核项 | 分值 | 实训要求 | 评定 | 备注 |
| 1 | 实训态度、思想意识 | 20 | 实训态度认真,思想意识高 | | |
| 2 | 实训纪律、团队协作 | 10 | 遵守纪律,服从管理,团队协作能力强 | | |
| 3 | 道路参数的输入情况 | 10 | 道路参数的输入正确、完整 | | |
| 4 | 点位放样精确度 | 10 | 成果精度符合限差要求 | | |
| 5 | 记录、计算准确性与整洁性 | 10 | 记录规范、完整,计算准确 | | |
| 6 | 实训内容完成情况 | 10 | 能独立完成各实训内容 | | |
| 7 | 实训内容完成时间 | 10 | 能按时完成各实训内容 | | |
| 8 | 实训安全情况 | 10 | 实训安全,无事故 | | |
| 9 | 分析问题和解决问题的能力 | 10 | 分析和解决实训问题的能力强 | | |

存在问题:

教师评价:____________　　评价时间:________年____月____日

# 任务五 GNSS-RTK 道路放样

## 一、目的与要求

### (一)技能目标

能够使用某种道路放样软件熟练输入 GNSS-RTK 道路设计数据;能够进行 GNSS-RTK 道路放样。

### (二)情感目标

培养学生分析问题、解决问题的能力及动手操作能力。

GNSS-RTK
道路放样理论

## 二、仪器与器材

GNSS 接收机基准站 1 套,包括脚架、基座、接收机、连接头等;GNSS 接收机移动站 1 套,包括接收机、对中杆、手簿、手簿支架等;测钎若干或记号笔 1 支。这里以华测 T10 接收机为例进行介绍。

## 三、实训任务

本任务 GNSS-RTK 道路放样是在 GNSS-RTK 点放样操作基础上进行的,GNSS-RTK 道路放样操作同样包括新建工程、设置仪器、点校正等基础操作,这里不再赘述。本任务重点介绍道路平面设计及道路放样的具体操作步骤。

GNSS-RTK 道路
放样实训

本任务分为两个活动:活动一,道路平面设计;活动二,道路放样。在掌握 RTK 点放样操作步骤的基础上,以实训小组为单位,每组完成道路设计及放样任务。本任务范例数据如表 2-5-1 所示,结合示例完成道路设计及道路放样。

## 四、步骤与方法

### 活动一 道路平面设计

“道路平面设计”功能是根据线路设计所需要的设计要素,软件按要求计算出线路点坐标和图形。

(1)道路管理。

在主界面“测量”页点击“道路放样”进入线路管理界面,在此界面中可新建道路文件、打开已有道路文件、新建线路。

点击左下角“新建道路文件”,如图 2-5-1 所示,弹出新建道路文件界面,输入道路文件名“HNCY” ,点击“保存”,弹出“新建线路”界面。

表 2-5-1　道路放样数据表

| 交点号 | 交点坐标 | | 交点桩号 | 转角值 | 曲线要素值/m | | | | | 备注 |
|---|---|---|---|---|---|---|---|---|---|---|
| | N($X$) | E($Y$) | | | 半径 | 缓和曲线长度 | 缓和曲线参数 | 切线长度 | 曲线长度 | |
| 1 | 2 | 3 | 4 | 5 | 6 | 7 | 8 | 9 | 10 | 11 |
| $JD_0$ | 3 851 146.806 | 486 101.975 2 | K0+000 | | | | | | | |
| $JD_1$ | 3 851 149.573 | 486 140.511 6 | K0+038.636 | 16°09′44.9″(Y) | 50 | 5 | 15.811 | 9.602 | 19.104 4 | |
| $JD_2$ | 3 851 140.966 | 486 180.817 4 | K0+079.751 | 23°22′27.5″(Z) | 55 | | | 11.377 | 22.437 7 | |
| $JD_3$ | 3 851 146.513 | 486 208.530 3 | K0+107.697 | 27°34′49.4″(Y) | 25 | 5.000<br>7.000 | 11.180<br>13.229 | 8.732<br>9.568 | 18.034 2 | |
| $JD_4$ | 3 851 132.989 | 486 254.896 | K0+155.729 | 16°54′13.6″(Z) | 60 | 10 | 24.495 | 13.925 | 27.701 6 | |
| $JD_5$ | 3 851 133.789 | 486 326.211 4 | K0+226.902 | 10°27′00.9″(Y) | 160 | | | 14.632 | 29.182 6 | |
| $JD_6$ | 3 851 122.879 | 486 389.325 9 | K0+290.871 | 11°30′30.8″(Z) | 100 | 5.000<br>10.000 | 22.361<br>31.623 | 12.735<br>14.924 | 27.586 2 | |
| $JD_7$ | 3 851 124.285 | 486 436.658 3 | K0+338.152 | | | | | | | |
| | | | | | | | | | | |

图 2-5-1 新建道路

(2)新建线路。

在“新建线路”界面,平曲线的编辑方法有:交点法、线元法、坐标法。这里以交点法为例,依次输入线路名、桩号前缀、平面设计线,根据需要填入平面计算精度、起算点桩号。点击“保存”,进入“线路编辑”界面,如图 2-5-2 所示。

图 2-5-2 新建线路

(3)平面设计线。

在“线路编辑”界面,点击“平面设计线”,依次输入道路要素。

点击“起点”,输入起点点名、坐标并保存。点击“交点”,弹出“编辑交点”界面,输入交点点名、坐标、半径,输入第一缓曲长、第二缓曲长(若不存在,输入0),输入第一缓曲起点半径、第二缓曲终点半径(若输入缓和曲线参数,则应输入负数),点击“确认”,如图2-5-3所示。采用相同的方法依次添加各交点及对应数据要素。最后点击“终点”,输入终点点名、坐标并保存。

图2-5-3　道路起点、各交点、终点

续图 2-5-3

全部输入完毕后，在“平面设计线”界面，点击右上角“…”，可进行图形检核、查看逐桩坐标表等，如图 2-5-4 所示。在图形检核中，如发现图形错误，返回至“平面设计线”界面，检查各交点的坐标或曲线要素输入是否有误。按住某一交点项并向右滑动，则可对该交点信息进行编辑；在“逐桩坐标表”界面，点击右上角“…”，可设置桩间距或者导出柱状坐标表。其中，桩间距默认 20 m，如果用于实习，可以根据需要设置适当的间距，比如设置成“5 m”。

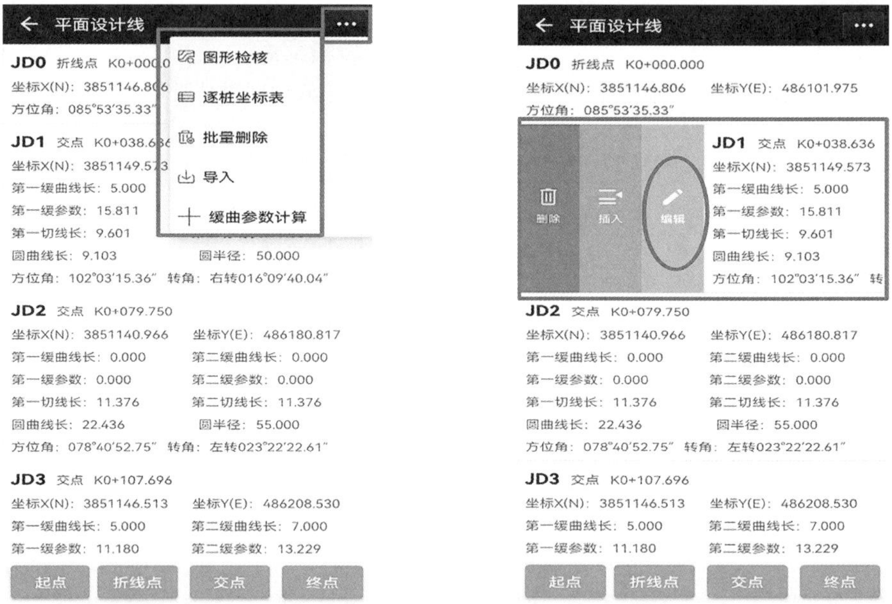


图 2-5-4 平面设计线的查看编辑

此外,道路平面设计还可以在电脑端用 CGO2.0 进行编辑。在电脑端编辑道路完成后,可导入道路文件。编辑后的道路文件导入路径为:storage/emulated/0/CHCNAV/LS7_Projects/roads/。在道路放样时,可在线路管理界面中选择打开道路文件,找到导入的道路文件,选择打开即可。

## 活动二 道路放样

(1)道路放样界面。

在主界面“测量”页点击“道路放样”进入道路放样界面。道路放样界面包含导航文本区域、视图显示区域、测量按钮三大部分,如图 2-5-5 所示。

导航文本区域分上下两部分,上部导航文本区域显示仪器高、搜星、精度、点名、备注、放样桩类型、桩号、指针、方向、距离等信息;下部导航文本区域显示放样类型菜单“ ”、坐标按钮“ *i* ”(显示当前位置坐标,可切换坐标类型),右侧为配置设置按钮“ ”。

界面中间为视图显示区域,可显示道路、移动站当前位置、北方向、动态比例尺等信息。视图显示区域右侧为数据管理菜单按钮“数据管理”,右下角为测量按钮“ ”。

“数据管理”:点开可进行道路管理、点管理、导出数据等操作。

“点名”:点击“设置”,勾选“实时里程为点名”,也可自定义设置。

“点位放样类型”包括“任意桩号”和“按桩间距加减桩”两种类型,若选后者,则视图显示区域下方显示“减桩”“最近”“加桩”按钮加减桩。可按设定桩间距增加或减少里程。“最近”则为放样距离接收机移动站最近的桩号。

箭头“ ”:实时显示当前位置,在现场可以根据箭头提示寻找目标点位。

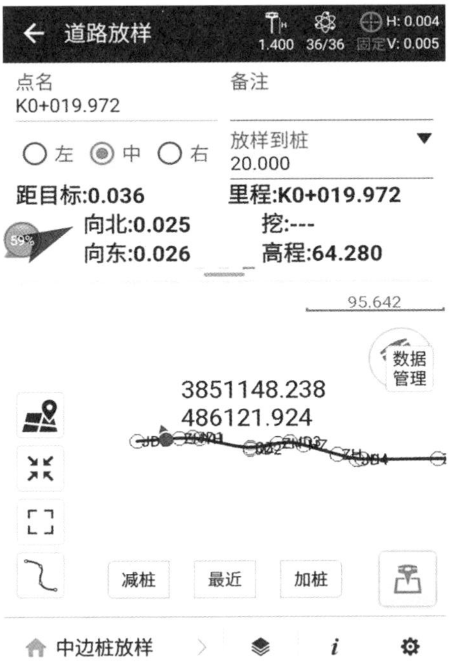


图 2-5-5 道路放样界面

显示目标距离当前位置的直线距离有三种形式。东南西北:以用户当前所在位置为中心,描述目标点在向东(西)、向南(北)的距离;前后左右:行进方向是正方向,向前(后)、左(右)的距离(每次只提示两个距离);纵偏、横偏。填、挖:"填"表示当前位置比设计位置低出的距离,需要填,"挖"表示当前位置比设计位置高出的距离,需要挖。

"左":沿着道路方向左偏。

"右":沿着道路方向右偏。

"最近":用于查看距离当前点最近的桩,点击可导航至最近桩号。

放样类型菜单"🏠":包括征地红线放样、中边桩放样、横断面采集、边坡放样、结构物放样、锥坡坡脚放样、点放样、正反算。

点击设置菜单"⚙",进入"选项"界面,可进行常规配置、道路配置、显示控制的设置。

(2)打开道路文件。

点击道路放样主界面右侧"数据管理"图标,选择"线路管理",点击"打开道路文件",选择道路文件并打开,选择已建线路,返回道路放样主界面,如图 2-5-6 所示。

图 2-5-6 打开道路文件

放样之前需做一些简单的设置,在“道路放样”界面,点击右下角设置图标“ ”进入“选项”界面,对放样精度、桩间距等进行设置,如图 2-5-7 所示。

图 2-5-7 道路放样设置

“放样限差”:设置放样限差,小于放样限差时,会有声音提示。

“桩间距”:设置当前里程增加的距离。

“实时里程为点名”:点选此项后,测量中桩时将以实时里程号作为测量中桩的点名。

(3)中边桩放样。

①中桩放样:在“道路放样”界面,点击左下角图标“ ”,选中“中边桩放样”,如图 2-5-8 所示。在“放样到桩”下框内输入要放样的里程,比如放样 K0+020.000 里程,则输入 20,此时软件默认放样中桩,根据箭头指示的方向,配合导航文本提示的内容进行放样。导航提示的方式有如下三种:东南西北指示、横偏+纵偏指示、前后左右指示。每种指示方式都包含里程和偏距指示信息,可以左右滑动屏幕切换指示方式,选择相应的导航方式。

按照导航指示靠近待放样点位,当出现绿色标志和提示音时,细微调整碳纤杆位置,将圆气泡居中,在精度满足要求时,在地面上立杆位置做出标记。测量该桩位的坐标进行检核,若精度满足要求,即完成该桩位放样。

若在放样桩类型选项中选择“按桩间距加减桩”,则点击“减桩”或“加桩”,可根据之前设置的桩间距加减放样的里程。

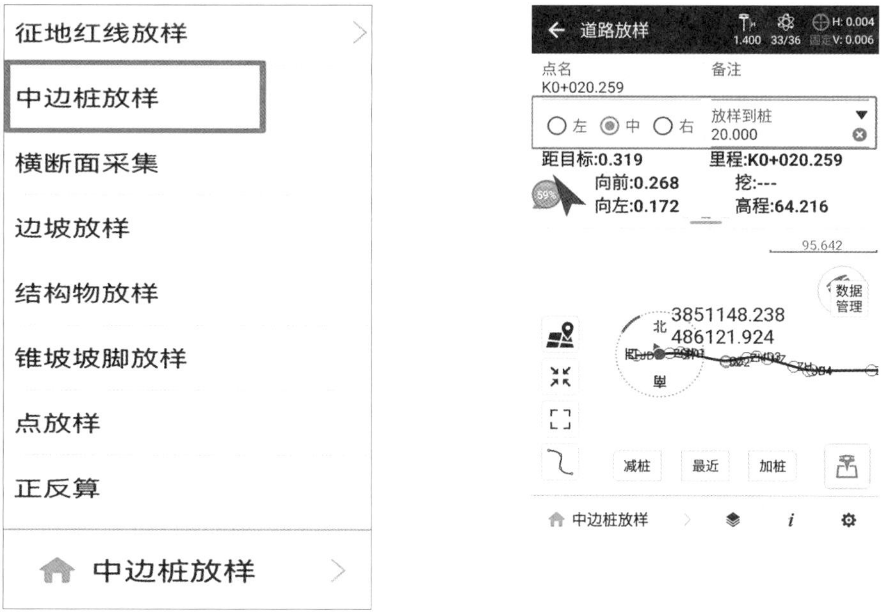


图 2-5-8 道路中桩放样

②边桩放样:在“放样到桩”框内输入待放样里程,在右边的“偏距”框内输入偏距,根据情况选择“左”或者“右”(在线路左侧选择“左”,在线路右侧选择“右”),如图 2-5-9 所示。以放样左偏 2 m 为例,按导航文本提示的内容放样点位。当精度满足要求后,点击右下角的“测量”按钮,即可进行放样,在立杆点做出标记,即完成该桩的左边桩放样。

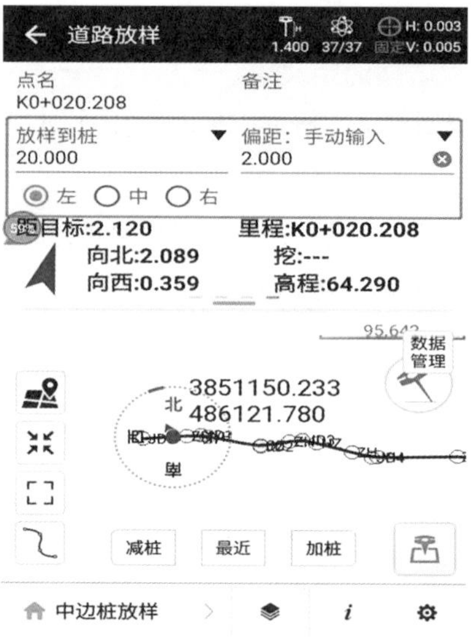


图 2-5-9　边桩放样

## 五、实训成果

实训结束后，上交以下成果：

(1)点校正转换残差及转换参数表；

(2)GNSS-RTK 道路放样坐标检核表。

点校正转换残差及转换参数表

班级:__________ 姓名:__________ 学号:__________ 组别:__________ 日期:__________

<table>
<tr><td colspan="4">GNSS 点与已知点坐标的校正残差</td></tr>
<tr><td>序号</td><td>GNSS 点</td><td>已知点</td><td>水平残差/cm</td></tr>
<tr><td></td><td></td><td></td><td></td></tr>
<tr><td></td><td></td><td></td><td></td></tr>
<tr><td></td><td></td><td></td><td></td></tr>
<tr><td></td><td></td><td></td><td></td></tr>
<tr><td colspan="4">校正参数</td></tr>
<tr><td>平面校正</td><td colspan="3"></td></tr>
<tr><td>校正参数</td><td colspan="3"></td></tr>
</table>

GNSS-RTK 法道路放样坐标检核表

班级:__________ 姓名:__________ 学号:__________ 组别:__________ 日期:__________

| 桩号 | 设计坐标 | | 检核坐标 | | 备注 |
|---|---|---|---|---|---|
| | $X$ | $Y$ | $X$ | $Y$ | |
| | | | | | |
| | | | | | |
| | | | | | |
| | | | | | |
| | | | | | |
| | | | | | |
| | | | | | |
| | | | | | |
| | | | | | |
| | | | | | |
| | | | | | |
| | | | | | |
| | | | | | |
| | | | | | |
| | | | | | |
| | | | | | |
| | | | | | |
| | | | | | |
| | | | | | |
| | | | | | |
| | | | | | |
| | | | | | |
| | | | | | |
| | | | | | |
| | | | | | |

## 六、成绩考核

(1)自我评价

| | | | | | |
|---|---|---|---|---|---|
| 任务名称 | | 实训场地 | | | |
| 姓名学号 | | 班级组别 | | 成绩 | |
| 序号 | 考核项 | 分值 | 实训要求 | 自我评定 | 备注 |
| 1 | 实训态度、思想意识 | 20 | 实训态度认真,思想意识高 | | |
| 2 | 实训纪律、团队协作 | 10 | 遵守纪律,服从管理,团队协作能力强 | | |
| 3 | 点校正精度 | 10 | 成果精度符合限差要求 | | |
| 4 | 道路放样精度 | 10 | 放样成果精度符合限差要求 | | |
| 5 | 操作熟练度、正确性 | 10 | 道路放样操作熟练、正确 | | |
| 6 | 实训内容完成情况 | 10 | 能独立完成各实训内容 | | |
| 7 | 实训内容完成时间 | 10 | 能按时完成各实训内容 | | |
| 8 | 实训安全情况 | 10 | 实训安全,无事故 | | |
| 9 | 分析问题和解决问题的能力 | 10 | 分析和解决实训问题的能力强 | | |

实训总结与反思:

组长评价:____________　　　　评价时间:________年____月____日

(2)教师评价

| 任务名称 | | 实训场地 | | | |
|---|---|---|---|---|---|
| 姓名学号 | | 班级组别 | | 成绩 | |
| 序号 | 考核项 | 分值 | 实训要求 | 评定 | 备注 |
| 1 | 实训态度、思想意识 | 20 | 实训态度认真,思想意识高 | | |
| 2 | 实训纪律、团队协作 | 10 | 遵守纪律,服从管理,团队协作能力强 | | |
| 3 | 点校正精度 | 10 | 成果精度符合限差要求 | | |
| 4 | 道路放样精度 | 10 | 放样成果精度符合限差要求 | | |
| 5 | 操作熟练度、正确性 | 10 | 道路放样操作熟练、正确 | | |
| 6 | 实训内容完成情况 | 10 | 能独立完成各实训内容 | | |
| 7 | 实训内容完成时间 | 10 | 能按时完成各实训内容 | | |
| 8 | 实训安全情况 | 10 | 实训安全,无事故 | | |
| 9 | 分析问题和解决问题的能力 | 10 | 分析和解决实训问题的能力强 | | |

存在问题:

教师评价:________　　　　评价时间:________年____月____日

# 任务六　竖曲线计算

## 一、目的与要求

竖曲线计算

### (一)技能目标

能够正确计算竖曲线要素及竖曲线上测设数据。

### (二)情感目标

培养学生严谨认真、一丝不苟的学习态度;培养学生理论计算能力。

## 二、计算步骤

如图 2-6-1 所示,已知某竖曲线两相邻坡段的坡度为 $i_1$、$i_2$,竖曲线的半径为 $R$,变坡点 $C$ 的里程桩号为 $K_C$,设计高程为 $H_C$,根据这些已知条件计算竖曲线上任意一点 $j$ 设计高程。其计算步骤如下所述。

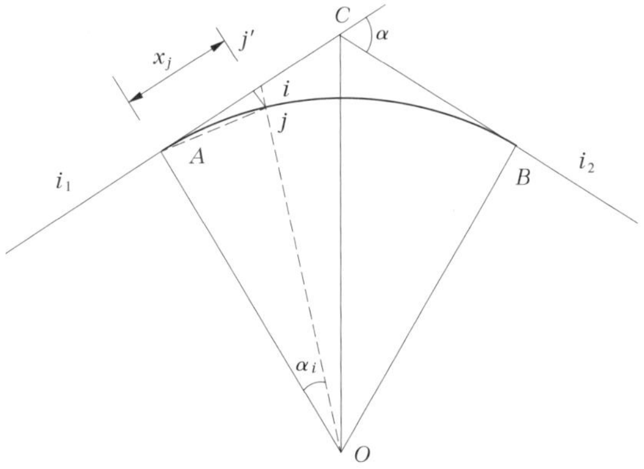


图 2-6-1　竖曲线示意

### (一)计算竖曲线要素

$$L = R\left|i_1 - i_2\right| \tag{2-6-1}$$

$$T = \frac{L}{2} \tag{2-6-2}$$

$$E = \frac{T^2}{2R} \tag{2-6-3}$$

### (二)计算里程(桩号)

(1)起点 $A$ 桩号:

$$K_A = K_C - T \tag{2-6-4}$$

(2)终点 $B$ 桩号:

$$K_B = K_C + T \tag{2-6-5}$$

(3)各详测点桩号:每 10 m 钉一里程桩。

**(三)计算高程**

(1)起点 $A$ 高程:

$$H_A = H_C - i_1 T \tag{2-6-6}$$

(2)终点 $B$ 高程:

$$H_B = H_C + i_2 T \tag{2-6-7}$$

(3)坡道高程 $H'_j$:

$AC$ 坡段:

$$H'_j = H_A + i_1 x_j \tag{2-6-8}$$

$BC$ 坡段:

$$H'_j = H_B - i_2 x_j \tag{2-6-9}$$

(4)计算标高改正。

如图 2-6-1 所示,图中竖曲线上 $j$ 点坐标为 $(x_j, y_j)$,由于中线坡度 $i$ 较小,一般可认为 $y_j$ 即为竖曲线上 $j$ 点和切线上对应 $j'$ 点的高差。

$y_j$ 的计算:

$$y_j \approx \frac{x_j^2}{2R} \tag{2-6-10}$$

$y_j$ 即为标高改正。

(5)竖曲线高程 $H_j$:

$$H_j = H'_j \mp y_j \tag{2-6-11}$$

式(2-6-11)中,当竖曲线为凸曲线时,取"-"号,当竖曲线为凹曲线时,取"+"号。

## 三、实例计算

设凹竖曲线变坡点 $C$ 的桩号为 K1+325.000,高程为 $H_C = 71.500$ m,竖曲线半径 $R=600$ m,线路坡度 $i_1 = -4\%$,$i_2 = +6\%$,试求竖曲线要素及竖曲线上各详细测设数据。

## 四、实训成果

实训结束后,上交以下成果:

(1)竖曲线要素计算表;

(2)主点里程桩号、高程计算表;

(3)竖曲线计算成果表。

## 竖曲线计算表格

班级:__________ 姓名:__________ 学号:__________ 组别:__________ 日期:__________

1. 竖曲线要素计算表

| $L$ | $T$ | $E$ |
|---|---|---|
| | | |

2. 主点里程桩号、高程计算表

| | 点 名 | 里程桩号 | 高程 |
|---|---|---|---|
| 起点 | $A$ | | |
| 变坡点 | $C$ | | |
| 终点 | $B$ | | |

3. 竖曲线计算成果表

| 桩号 | 坡道高程 $H'_j$ | 标高改正 $y_i$ | 曲线高程 $H_j$ | 备注 |
|---|---|---|---|---|
| | | | | |
| | | | | |
| | | | | |
| | | | | |
| | | | | |
| | | | | |
| | | | | |
| | | | | |
| | | | | |
| | | | | |

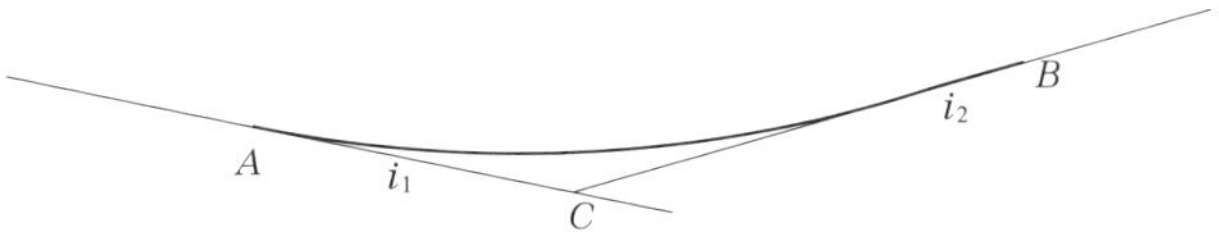

## 五、成绩考核

(1)自我评价

| | | | | | |
|---|---|---|---|---|---|
| 项目名称 | | 实训场地 | | | |
| 姓名学号 | | 班级组别 | | 成绩 | |
| 序号 | 考核项 | 分值 | 实训要求 | 自我评定 | 备注 |
| 1 | 态度、思想意识 | 10 | 态度认真,思想意识高 | | |
| 2 | 计算纪律 | 10 | 遵守纪律,服从指导教师、组长管理 | | |
| 3 | 计算完成情况 | 50 | 能独立完成计算内容 | | |
| 4 | 计算完成时间 | 10 | 能按时完成计算内容 | | |
| 5 | 计算成果质量 | 20 | 规范、完整,计算准确 | | |

实训总结与反思:

组长评价:__________ 评价时间:________年____月____日

(2)教师评价

<table>
<tr><td>任务名称</td><td></td><td>实训场地</td><td colspan="3"></td></tr>
<tr><td>姓名学号</td><td></td><td>班级组别</td><td></td><td>成绩</td><td></td></tr>
<tr><td>序号</td><td>考核项</td><td>分值</td><td>计算要求</td><td>评定</td><td>备注</td></tr>
<tr><td>1</td><td>态度、思想意识</td><td>10</td><td>态度认真,思想意识高</td><td></td><td></td></tr>
<tr><td>2</td><td>计算纪律</td><td>10</td><td>遵守纪律,服从指导教师、组长管理</td><td></td><td></td></tr>
<tr><td>3</td><td>计算完成情况</td><td>50</td><td>能独立完成计算内容</td><td></td><td></td></tr>
<tr><td>4</td><td>计算完成时间</td><td>10</td><td>能按时完成计算内容</td><td></td><td></td></tr>
<tr><td>5</td><td>计算成果质量</td><td>20</td><td>规范、完整,计算准确</td><td></td><td></td></tr>
<tr><td colspan="6">存在问题:</td></tr>
<tr><td colspan="6">教师评价:__________　　　　评价时间:______年____月____日</td></tr>
</table>

# 任务七　线路纵断面测量与绘制

## 一、目的与要求

### (一)技能目标

能进行纵横断面测量并完成记录计算,能够绘制纵横断面图,并且能够识图。

### (二)感情目标

实训中培养吃苦耐劳精神。

线路纵断面
测量与绘制

## 二、仪器与器材

S3 水准仪 1 套,水准标尺 2 根,30 m 或 50 m 钢尺 1 把,小测钎 2 根,记录板 1 块,粉笔或油漆若干。

线路纵断面
测量与绘制实训

## 三、实习任务

任课老师为各小组在校内选择一段长度不少于 200 m 的路面作为实习线路,并指定起点位置及起点里程,以校内导线点作为基本控制点。

## 四、步骤与方法

### (一)线路纵断面测量

(1)用钢尺沿给定的线路,从起点开始测设里程,直线段不超过 30 m,曲线段不超过 20 m 设置一个中桩,遇转弯段、线路交叉段、百米桩处均要加桩,并在地面做上标记。

(2)选择线路附近的校内导线点作为基平高程点。

(3)根据所选择的基平高程点,按几何水准测量法测量线路中桩的高程(中平测量),中平测量必须起闭于基平高程点,其闭合差应不超过$\pm 40\sqrt{L}$ mm($L$ 为水准线路长度,单位 km)。

中平测量通常采用附合水准测量法,每站可以有多个前视点。如图 2-7-1 所示为作业过程示意图,$BM_1$、$BM_2$ 为基平高程点,仪器置在 $Z_1$ 点,后视 $BM_1$ 水准尺读数 $a$,再前视 $ZD_1$,水准尺读数 $b$ 前后视距应大致相等,观测各中桩点(如 K6+000 等)上的水准标尺读数 $b_i$,然后仪器经过 $Z_2$,附合到 $BM_2$ 上。

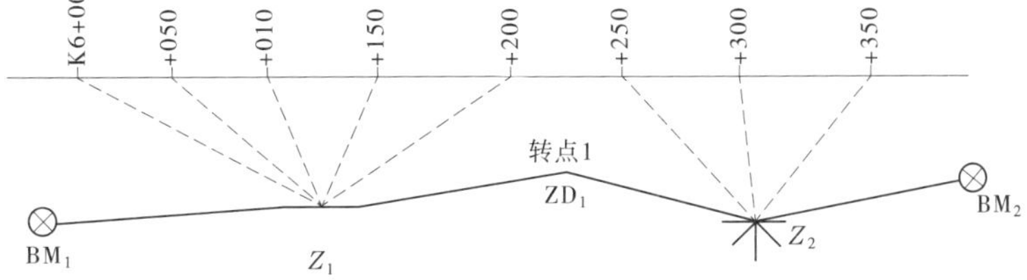


图 2-7-1　纵断面测量作业示意

(4)中平外业测量的记录。

当仪器安置在 $Z_1$ 时，先后视 $BM_1$，再前视 $ZD_1$，标尺读数 $a$，$b$ 分别记入表 2-7-1 所示手簿中"后视读数"和"前视转点读数"栏内，读数至毫米，然后观测的各中间点按里程桩号分别记入手簿中"前视中间点读数"栏内。仪器迁到下一站 $Z_2$ 后，先后视转点 $ZD_1$，再前视 $BM_2$，按上站程序记录各观测数据，各中间点读数可记录到 cm(厘米)。

**表 2-7-1　中平测量记录手簿**

| 测站 | 站点 | 后视读数 | 仪器高（视线高） | 前视读数 | | 高程 | 备注 |
|---|---|---|---|---|---|---|---|
| | | | | 转点 | 中间点 | | |
| | $BM_1$ | | | | | | 已知点 |
| 1 | K6+000 | | | | | | |
| | +050 | | | | | | |
| | +100 | | | | | | |
| | +150 | | | | | | |
| | +200 | | | | | | |
| 2 | 转点 $ZD_1$ | | | | | | |
| | K6+250 | | | | | | |
| | +300 | | | | | | |
| | +350 | | | | | | |
| | $BM_2$ | | | | | | 已知点 |

(5)中平测量的计算。

中平测量的高程计算，通常按两步进行：

①按一般水准线路测量方法，计算各转点高程，由起点按各转点推算到终点的高程闭合差在允许范围内时，可将闭合差按测站数平均配赋各转点上。

②计算各中间点高程，一般按视线高法进行计算。所谓视线高法，就是根据后视点的高程加后视读数，求得每一站的仪器视线高程。

$$H_{视} = H + a \tag{2-7-1}$$

式中　$H_{视}$——视线高程；

$H$——平差后后视点高程；

$a$——后视读数。

然后用视线高程分别减去中间点(中桩)上水准标尺读数即得各中间点的高程。

$$H_i = H_{视} - b_i \tag{2-7-2}$$

式中　$H_i$——中间点高程；

$b_i$——中间点上水准标尺读数。

**(二)纵断面图的绘制**

1. 绘图比例尺

公路线路在纵断面上的高程差和相应水平距离相比，一般要小得多。通常把水平距离比例尺放大 10 倍作为高程比例尺。线路水平距离常用 1∶2 000 或 1∶1 000,相应高程比例尺为 1∶200 和 1∶100。

2. 绘制内容

1) 直线与曲线

线路直线部分用直线表示,曲线部分用凸出的矩形表示,在凸出的矩形内注明交点编号和曲线半径。凸出的方向应和曲线转弯方向一致。

2) 里程桩

纵断面图上的里程一栏内只标注百米桩和公里桩。百米桩只标注 1~9 数字,公里桩用符号表示。加桩按比例内插绘出。

3) 地面高程

地面高程即中平测量的中桩地面高程,如图 2-7-2 所示。

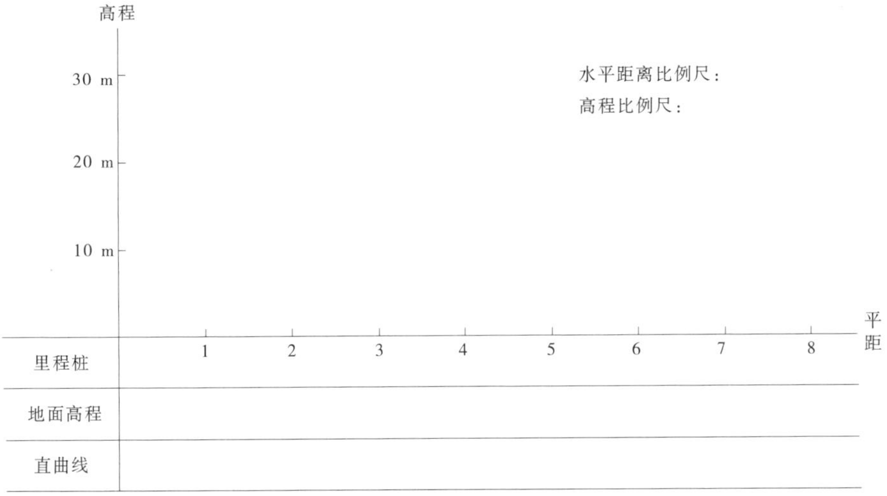


图 2-7-2 中平测量绘制示意

## 五、注意事项

(1) 根据所选择的基平高程点,按几何水准测量法测量线路中桩的高程(中平测量),中平测量必须起闭于基平高程点,其闭合差应不超过$\pm 40\sqrt{L}$ mm($L$ 为水准线路长度,单位 km)。

(2) 绘制纵断面图时,线路直线部分用直线表示,曲线部分用凸出的矩形表示,在凸出的矩形内注明交点编号和曲线半径。凸出的方向应和曲线转弯方向一致。

## 六、实训成果

实训结束,上交以下成果:

(1) 中平测量记录手簿。

(2) 绘制的纵断面图。

**中平测量记录手簿**

班级:__________ 姓名:__________ 学号:__________ 组别:__________ 日期:__________

| 测站 | 站点 | 后视读数 | 仪器高（视线高） | 前视读数 | | 高程 | 备注 |
|---|---|---|---|---|---|---|---|
| | | | | 转点 | 中间点 | | |
| | | | | | | | ←已知点 |
| | | | | | | | |
| | 转点 | | | | | | |
| | | | | | | | |
| | | | | | | | ←已知点 |

**中平测量记录手簿**

班级:__________ 姓名:__________ 学号:__________ 组别:__________ 日期:__________

| 测站 | 站点 | 后视读数 | 仪器高（视线高） | 前视读数 | | 高程 | 备注 |
|---|---|---|---|---|---|---|---|
| | | | | 转点 | 中间点 | | |
| | | | | | | | ←已知点 |
| | | | | | | | |
| | 转点 | | | | | | |
| | | | | | | | |
| | | | | | | | ←已知点 |

**中平测量记录手簿**

班级:________ 姓名:________ 学号:________ 组别:________ 日期:________

| 测站 | 站点 | 后视读数 | 仪器高（视线高） | 前视读数 | | 高程 | 备注 |
|---|---|---|---|---|---|---|---|
| | | | | 转点 | 中间点 | | |
| | | | | | | | ←已知点 |
| | | | | | | | |
| | 转点 | | | | | | |
| | | | | | | | |
| | | | | | | | ←已知点 |

中平测量记录手簿

班级:__________ 姓名:__________ 学号:__________ 组别:__________ 日期:__________

| 测站 | 站点 | 后视读数 | 仪器高(视线高) | 前视读数 | | 高程 | 备注 |
|---|---|---|---|---|---|---|---|
| | | | | 转点 | 中间点 | | |
| | | | | | | | ←已知点 |
| | | | | | | | |
| | 转点 | | | | | | |
| | | | | | | | |
| | | | | | | | ←已知点 |

## 纵断面图的绘制

班级：________ 姓名：________ 学号：________ 组别：________ 日期：________

高程

水平距离比例尺：

高程比例尺：

平距

| | |
|---|---|
| 里程桩 | |
| 地面高程 | |
| 直曲线 | |

## 七、成绩考核

(1)自我评价

<table>
<tr><td>任务名称</td><td></td><td>实训场地</td><td colspan="3"></td></tr>
<tr><td>姓名学号</td><td></td><td>班级组别</td><td></td><td>成绩</td><td></td></tr>
<tr><td>序号</td><td>考核项</td><td>分值</td><td>实训要求</td><td>自我评定</td><td>备注</td></tr>
<tr><td>1</td><td>实训态度、思想意识</td><td>20</td><td>实训态度认真,思想意识高</td><td></td><td></td></tr>
<tr><td>2</td><td>实训纪律、团队协作</td><td>10</td><td>遵守纪律,服从管理,团队协作能力强</td><td></td><td></td></tr>
<tr><td>3</td><td>点位高程测量精确度</td><td>10</td><td>成果精度符合限差要求</td><td></td><td></td></tr>
<tr><td>4</td><td>纵断面图绘制情况</td><td>10</td><td>比例尺正确,连线光滑优美</td><td></td><td></td></tr>
<tr><td>5</td><td>记录、计算准确性与整洁性</td><td>10</td><td>记录规范、完整,计算准确</td><td></td><td></td></tr>
<tr><td>6</td><td>实训内容完成情况</td><td>10</td><td>能独立完成各实训内容</td><td></td><td></td></tr>
<tr><td>7</td><td>实训内容完成时间</td><td>10</td><td>能按时完成各实训内容</td><td></td><td></td></tr>
<tr><td>8</td><td>实训安全情况</td><td>10</td><td>实训安全,无事故</td><td></td><td></td></tr>
<tr><td>9</td><td>分析问题和解决问题的能力</td><td>10</td><td>分析和解决实训问题的能力强</td><td></td><td></td></tr>
<tr><td colspan="6">实训总结与反思:<br><br><br>组长评价:____________ 评价时间:________年____月____日</td></tr>
</table>

(2)教师评价

| 任务名称 | | 实训场地 | | | |
|---|---|---|---|---|---|
| 姓名学号 | | 班级组别 | | 成绩 | |
| 序号 | 考核项 | 分值 | 实训要求 | 评定 | 备注 |
| 1 | 实训态度、思想意识 | 20 | 实训态度认真,思想意识高 | | |
| 2 | 实训纪律、团队协作 | 10 | 遵守纪律,服从管理,团队协作能力强 | | |
| 3 | 点位高程测量精确度 | 10 | 成果精度符合限差要求 | | |
| 4 | 纵断面图绘制情况 | 10 | 比例尺正确,连线光滑优美 | | |
| 5 | 记录、计算准确性与整洁性 | 10 | 记录规范、完整,计算准确 | | |
| 6 | 实训内容完成情况 | 10 | 能独立完成各实训内容 | | |
| 7 | 实训内容完成时间 | 10 | 能按时完成各实训内容 | | |
| 8 | 实训安全情况 | 10 | 实训安全,无事故 | | |
| 9 | 分析问题和解决问题的能力 | 10 | 分析和解决实训问题的能力强 | | |
| 存在问题:<br><br>教师评价:________ 评价时间:______年___月___日 | | | | | |

# 任务八 线路横断面测量与绘制

## 一、目的与要求

### (一)技能目标

能进行纵横断面测量并完成记录计算，能够绘制纵横断面图，并且能够识图。

### (二)感情目标

实训中培养学生吃苦耐劳精神。

线路横断面测量与绘制

## 二、仪器与器材

S3 水准仪 1 套，水准标尺 2 根，30 m 或 50 m 钢尺 1 把，小测钎 2 根，记录板 1 块，粉笔或油漆若干。

## 三、实训任务

任课老师为各小组在校内选择一段长度不少于 200 m 的路面作为实习线路，并指定起点位置及起点里程。

线路横断面测量与绘制实训

## 四、步骤与方法

### (一)横断面的选取

线路直线段不超过 30 m，曲线段不超过 20 m，其他加桩处均应测绘横断面(最好与纵断面中桩点保持一致)。实习时，由于时间限制，横断面宽度可取线路中线两侧 5~10 m。

### (二)横断面方向的确定

在直线地段，横断面方向与线路方向垂直可用十字架或全站仪测定。

在曲线地段，横断面方向就是中桩点与曲线圆心的连线方向，圆曲线的圆心方向可用十字架或全站仪测定。

### (三)横断面的施测

如图 2-8-1 所示在两断面之间适当位置设置水准仪，后视已知中桩，然后逐个读取各横断面点标尺读数，求出高差，用钢尺或皮尺丈量各点之间的平距，一个站可测若干个断面。记录格式见表 2-8-1。表中横线以上的数字为相邻点高差，并注上高差的正负号，横线以下的数字为相邻点水平距离。左边、右边以线路前进方向判断，实习时每边测点数不少于 3 个。

表 2-8-1 横断面测量记录

| 左边 | 桩号 | 右边 |
|---|---|---|
| $\cdots,\frac{\Delta h}{\Delta S}$ | K6+000 | $\cdots,\frac{\Delta h}{\Delta S}$ |
| $\cdots,\frac{\Delta h}{\Delta S}$ | K6+050 | $\cdots,\frac{\Delta h}{\Delta S}$ |

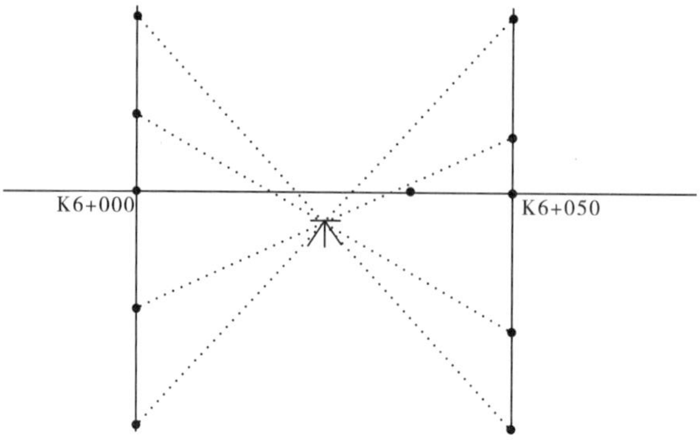


图 2-8-1　横断面测量示意

**(四)横断面图的绘制**

(1)横断面图在厘米方格纸上按里程桩的编号顺序依次绘制。

(2)水平距离和高程比例尺一般均取 1:200,实习时同学们根据地面高差变化的大小可任意选取。

(3)绘制方法:先画线路中心线,再根据横断面测量记录中相邻两点的距离和高差,依次描绘各变坡点,最后以细实线连接,即为地面线。如图 2-8-2 所示为某断面的示意图。

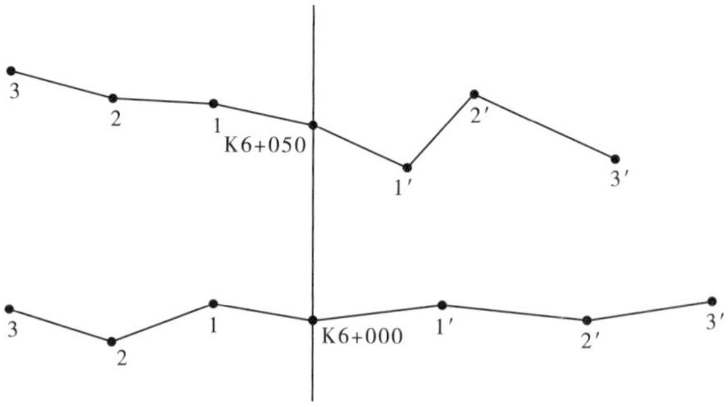


图 2-8-2　断面示意

## 五、注意事项

(1)在直线地段,横断面方向与线路方向垂直可用十字架或全站仪测定。在曲线地段,横断面方向就是中桩点与曲线圆心的连线方向,圆曲线的圆心方向可用十字架或全站仪测定。

(2)绘制时,水平距离和高程比例尺一般均取 1:200,先画线路中心线,再根据横断面测量记录中相邻两点的距离和高差,依次描绘各变坡点,最后以细实线连接,即为地面线。

## 六、实训成果

实训结束,上交以下成果:

(1)横断面测量记录表。

(2)绘制的横断面图。

横断面测量记录表

班级:__________ 姓名:__________ 学号:__________ 组别:__________ 日期:__________

| 左边 | 桩号 | 右边 |
| --- | --- | --- |
| | | |
| | | |
| | | |
| | | |
| | | |
| | | |
| | | |
| | | |
| | | |
| | | |
| | | |
| | | |
| | | |
| | | |
| | | |
| | | |
| | | |
| | | |
| | | |
| | | |
| | | |
| | | |

横断面图的绘制

班级:__________ 姓名:__________ 学号:__________ 组别:__________ 日期:__________

## 七、成绩考核

(1)自我评价

<table>
<tr><td>任务名称</td><td></td><td>实训场地</td><td colspan="3"></td></tr>
<tr><td>姓名学号</td><td></td><td>班级组别</td><td></td><td>成绩</td><td></td></tr>
<tr><td>序号</td><td>考核项</td><td>分值</td><td>实训要求</td><td>自我评定</td><td>备注</td></tr>
<tr><td>1</td><td>实训态度、思想意识</td><td>20</td><td>实训态度认真，思想意识高</td><td></td><td></td></tr>
<tr><td>2</td><td>实训纪律、团队协作</td><td>10</td><td>遵守纪律，服从管理，团队协作能力强</td><td></td><td></td></tr>
<tr><td>3</td><td>点位高程测量精确度</td><td>10</td><td>成果精度符合限差要求</td><td></td><td></td></tr>
<tr><td>4</td><td>横断面图绘制情况</td><td>10</td><td>比例尺选择合理，连线光滑优美</td><td></td><td></td></tr>
<tr><td>5</td><td>记录、计算准确性与整洁性</td><td>10</td><td>记录规范、完整，计算准确</td><td></td><td></td></tr>
<tr><td>6</td><td>实训内容完成情况</td><td>10</td><td>能独立完成各实训内容</td><td></td><td></td></tr>
<tr><td>7</td><td>实训内容完成时间</td><td>10</td><td>能按时完成各实训内容</td><td></td><td></td></tr>
<tr><td>8</td><td>实训安全情况</td><td>10</td><td>实训安全，无事故</td><td></td><td></td></tr>
<tr><td>9</td><td>分析问题和解决问题的能力</td><td>10</td><td>分析和解决实训问题的能力强</td><td></td><td></td></tr>
<tr><td colspan="6">实训总结与反思：<br><br><br><br>组长评价：____________　　　　评价时间：________年____月____日</td></tr>
</table>

(2)教师评价

| | | | | | |
|---|---|---|---|---|---|
| 任务名称 | | 实训场地 | | | |
| 姓名学号 | | 班级组别 | | 成绩 | |
| 序号 | 考核项 | 分值 | 实训要求 | 评定 | 备注 |
| 1 | 实训态度、思想意识 | 20 | 实训态度认真,思想意识高 | | |
| 2 | 实训纪律、团队协作 | 10 | 遵守纪律,服从管理,团队协作能力强 | | |
| 3 | 点位高程测量精确度 | 10 | 成果精度符合限差要求 | | |
| 4 | 横断面图绘制情况 | 10 | 比例尺选择合理,连线光滑优美 | | |
| 5 | 记录、计算准确性与整洁性 | 10 | 记录规范、完整,计算准确 | | |
| 6 | 实训内容完成情况 | 10 | 能独立完成各实训内容 | | |
| 7 | 实训内容完成时间 | 10 | 能按时完成各实训内容 | | |
| 8 | 实训安全情况 | 10 | 实训安全,无事故 | | |
| 9 | 分析问题和解决问题的能力 | 10 | 分析和解决实训问题的能力强 | | |

存在的问题:

教师评价:____________ 评价时间:________年____月____日

【思政小课堂】

## 消除事故隐患，筑牢安全防线

建山川高架，势如虹卧；构城乡快速，状似龙腾。今天，随着交通网络的快速推进，公路已成为人们走向目标、实现梦想的纽带，更是连接彼此、跨越空间的载体。当前，我国公路建设方兴未艾，依然处于高峰期。面对建设任务中，地形地质条件复杂，如何把控安全与质量？如何平衡速度与安全，这是摆在公路建设者面前首要的问题。由于公路建设规模庞大，建设管理水平参差不齐，安全生产的管理和职工安全教育普遍滞后，因而当前公路建设系统的安全生产形势严峻，安全工作千日不足，事故发生一刻有余。近年来，省内外工程建设领域安全生产事故多发，高空坠落、结构物坍塌、物体打击、模板折装、特种设备折除倒塌等，成为事故高发区。全面落实公路工程建设安全管理机制，筑牢安全防线刻不容缓。

# 项目三 桥梁工程测量

**项目说明**

本项目主要学习在桥梁工程测量中桥梁墩台中心坐标的计算方法。通过本项目的学习，使学生能够掌握使用偏距法计算桥梁墩台中心坐标，并且能够使用Excel辅助进行计算。同时，培养学生分析问题和解决问题的能力，培养学生严谨细致、一丝不苟、团队合作的能力。

**项目任务**

任务一　墩台中心坐标计算

**项目成果**

1.准备数据表;
2.计算数据成果表。

# 任务一　墩台中心坐标计算

墩台中心坐标计算

## 一、目的与要求

### (一)技能目标

能够使用偏距法计算墩台中心坐标。

### (二)情感目标

通过实例计算培养学生严谨细致、一丝不苟、团队合作的能力。

## 二、计算步骤

某曲线桥梁,其圆曲线设计半径为 $R$,缓和曲线长为 $l_S$,转向角为 $\alpha_Z$,已知直缓点 ZH 的里程和坐标,偏距 $E$,计算各墩台中心坐标。其计算步骤如下:

(1)计算回旋线的几何要素(见图 3-1-1)。

切线角 $\beta$:

$$\beta = \frac{l^2}{2Rl_S} \times \frac{180^\circ}{\pi} \tag{3-1-1}$$

$$\beta_0 = \frac{l_S}{2R} \times \frac{180^\circ}{\pi} \tag{3-1-2}$$

内移值 $p$:

$$p = \frac{l_S^2}{24R} \tag{3-1-3}$$

切线增值 $m$:

$$m = \frac{l_S}{2} - \frac{l_S^3}{240R^2} \tag{3-1-4}$$

切线长 $T$:

$$T = (R + p)\tan\frac{\alpha_Z}{2} + m$$

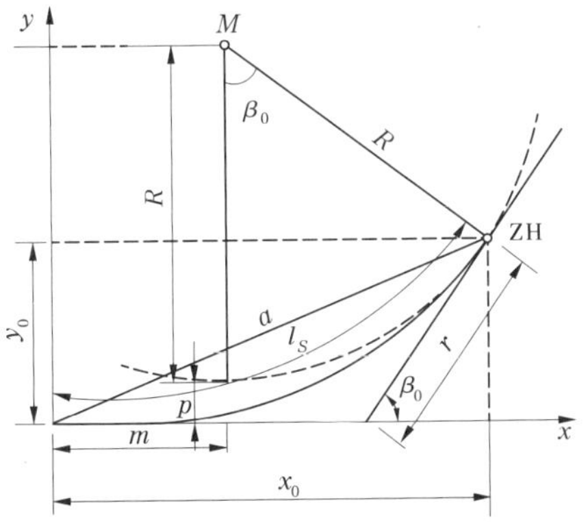


图 3-1-1　回旋线的几何要素

(2)建立计算坐标系。

以 ZH 点为坐标原点,切线方向为 $X$ 轴,与 $X$ 轴垂直方向为 $Y$ 轴,建立直角坐标系统(见图 3-1-2)。

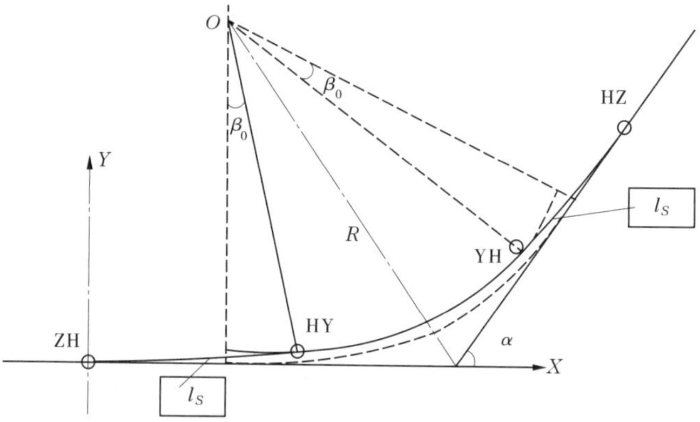


图 3-1-2　ZH 原点坐标系

(3)计算位于圆曲线(YH—HY)上的墩台中心坐标(以 HZ 点为原点的坐标系坐标)。

$$x = (R + E)\sin(\beta_0 + \varphi) + m \tag{3-1-5}$$

$$y = (R + p) - (R + E)\cos(\beta_0 + \varphi) \tag{3-1-6}$$

式中　$\varphi = \dfrac{l}{R} \cdot \dfrac{180°}{\pi}$,其中 $l$ 为线路中心点至 YH 点的圆曲线长度。

(4)计算位于缓和曲线(HZ—YH)上的墩台中心坐标(以 HZ 点为原点的坐标系坐标)。

$$x = l - \frac{l^5}{40R^2 l_S^2} + E\sin\beta \tag{3-1-7}$$

$$y = \frac{l^3}{6Rl_S} - \frac{l^7}{336R^3 l_S^3} - E\cos\beta \tag{3-1-8}$$

$$\beta = \frac{l^2}{2Rl_S} \times \frac{180°}{\pi} \tag{3-1-9}$$

式中　$l$——线路中心点至 HZ 点的曲线长度。

(5)坐标转换。

①计算 HZ 点在以 ZH 为原点的坐标系中的坐标,计算公式如下:

$$X_{HZ} = T(1 + \cos\gamma) \tag{3-1-10}$$

$$Y_{HZ} = T\sin\gamma \tag{3-1-11}$$

其中,$T = (R + p)\tan\left(\dfrac{\alpha_Z}{2}\right) + m$;式中,若线路为左偏曲线,则 $\gamma = 360° - \alpha_Z$ ( $\gamma = -\alpha_Z$ ),若线路为右偏曲线,则 $\gamma = \alpha_Z$ 。

②将以 HZ 点为原点的坐标系的坐标,转换成以 ZH 为原点的坐标系的坐标,转换公式如下:

$$X_{ZH} = X_{HZ} + K(x\cos\Delta\alpha - y\sin\Delta\alpha) \tag{3-1-12}$$

$$Y_{ZH} = Y_{HZ} + K(x\sin\Delta\alpha - y\cos\Delta\alpha) \tag{3-1-13}$$

式中，$\Delta\alpha = 180° - \alpha_Z$，$K$ 为缩放系数，一般取 1。计算出的 $X$ 坐标恒为正值，当线路左偏时 $Y$ 坐标为负值，当线路右偏时 $Y$ 坐标为正值。

(6)转换为高斯平面坐标系。

将以 ZH 点为原点的坐标系的坐标，转换成高斯平面坐标系，转换公式如下：

$$X_{(高斯)} = X_{ZH} + X_{ZH(高斯)} \tag{3-1-14}$$

$$Y_{(高斯)} = Y_{ZH} + Y_{ZH(高斯)} \tag{3-1-15}$$

## 三、实例计算

如图 3-1-3 所示，某铁路桥位于曲线上，该曲线设计选配的半径 $R$=800 m，缓和曲线长 $l_S$=150 m，经复测后确认的转向角 $\alpha_Z$=32°52′19.7″，ZH 里程为 DK3+161.658，坐标为($X$=2 132 661.848，$Y$=38 481 289.034)，各墩台中心的里程如图 3-1-3 所示，计算各墩台中心坐标。

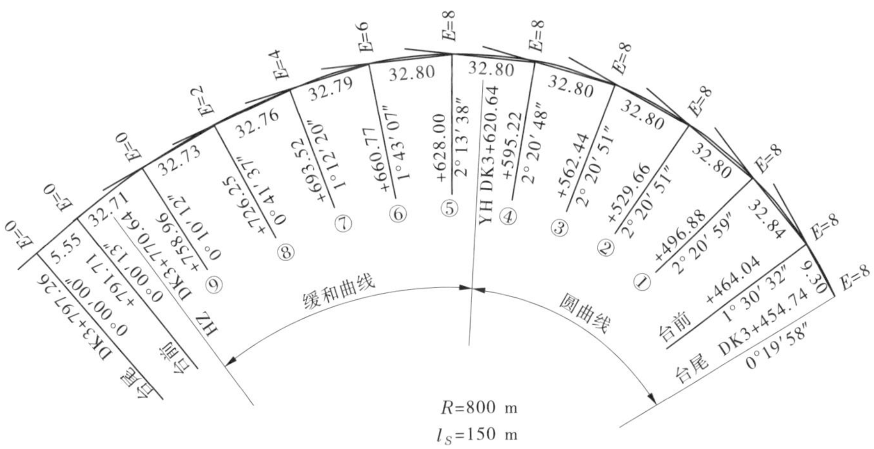


图 3-1-3　某铁路曲线桥设计参数

## 四、注意事项

本实训任务计算量较大，手工计算容易出错，设计院和施工单位一般都有自己的计算软件，同学们在掌握以上计算方法的前提下，可以尝试使用 Excel 或 WPS 中的表格功能，采用编辑公式的方式完成计算任务，能大大地提高效率。

## 五、实训成果

实训结束后，上交以下成果：

(1)准备数据表。

(2)计算数据成果表。

**准备数据表**

班级:________ 姓名:________ 学号:________ 组别:________ 日期:________

<table>
<tr><td rowspan="6">已知条件</td><td>缓和曲线全长</td><td>$l_S$</td><td></td></tr>
<tr><td>圆曲线半径</td><td>$R$</td><td></td></tr>
<tr><td>转向角</td><td>$\alpha_Z$</td><td></td></tr>
<tr><td>缓直点里程</td><td>HZ</td><td></td></tr>
<tr><td rowspan="2">ZH 点已知坐标</td><td>$X_{ZH}$(高斯)</td><td></td></tr>
<tr><td>$Y_{ZH}$(高斯)</td><td></td></tr>
<tr><td rowspan="6">计算参数</td><td>缓和曲线切线长</td><td>$T$</td><td></td></tr>
<tr><td>内移值</td><td>$p$</td><td></td></tr>
<tr><td>切线增值</td><td>$m$</td><td></td></tr>
<tr><td>基本角</td><td>$B_0$</td><td></td></tr>
<tr><td rowspan="2">HZ 点在以 ZH 点为原点的坐标系的坐标</td><td>$X_{HZ}$</td><td></td></tr>
<tr><td>$Y_{HZ}$</td><td></td></tr>
<tr><td>固定常数</td><td>缩放系数</td><td>$K$</td><td></td></tr>
</table>

**计算数据成果表**

班级:________ 姓名:________ 学号:________ 组别:________ 日期:________

| 线型 | 里程/m | $L$/m | $B$ | $\Phi$ | $E$/m | $X_{HZ}$/m | $Y_{HZ}$/m | $X_{ZH}$/m | $Y_{ZH}$/m | $X_{(高斯)}$/m | $Y_{(高斯)}$/m |
|---|---|---|---|---|---|---|---|---|---|---|---|
| 圆曲线 | 454.74 | | | | 0.08 | | | | | | |
| | 464.04 | | | | 0.08 | | | | | | |
| | 496.88 | | | | 0.08 | | | | | | |
| | 529.66 | | | | 0.08 | | | | | | |
| | 562.44 | | | | 0.08 | | | | | | |
| | 595.22 | | | | 0.08 | | | | | | |
| 回旋曲线 | 628.00 | | | | 0.08 | | | | | | |
| | 660.77 | | | | 0.06 | | | | | | |
| | 693.52 | | | | 0.04 | | | | | | |
| | 726.25 | | | | 0.02 | | | | | | |
| | 758.96 | | | | 0 | | | | | | |
| | 791.71 | | | | 0 | | | | | | |
| | 797.26 | | | | 0 | | | | | | |

## 六、成绩考核

(1)自我评价

| 任务名称 | | 实训场地 | | | |
|---|---|---|---|---|---|
| 姓名学号 | | 班级组别 | | 成绩 | |
| 序号 | 考核项 | 分值 | 实训要求 | 自我评定 | 备注 |
| 1 | 态度、思想意识 | 10 | 态度认真,思想意识高 | | |
| 2 | 实训纪律 | 10 | 遵守纪律,服从指导教师、组长管理 | | |
| 3 | 准备数据检查 | 20 | 成果精度符合限差要求 | | |
| 4 | 计算过程数据检查 | 40 | 规范、完整,计算准确 | | |
| 5 | 完成时间 | 10 | 能按时完成各实训内容 | | |
| 6 | 计算成果质量 | 10 | 内容齐全、整洁 | | |
| 实训总结与反思:<br><br><br>组长评价:__________ 评价时间:______年___月___日 | | | | | |

(2)教师评价

| 项目名称 | | 实训场地 | | | |
|---|---|---|---|---|---|
| 姓名学号 | | 班级组别 | | 成绩 | |
| 序号 | 考核项 | 分值 | 实训要求 | 评定 | 备注 |
| 1 | 态度、思想意识 | 10 | 态度认真,思想意识高 | | |
| 2 | 实训纪律 | 10 | 遵守纪律,服从指导教师、组长管理 | | |
| 3 | 准备数据检查 | 20 | 成果精度符合限差要求 | | |
| 4 | 计算过程数据检查 | 40 | 规范、完整,计算准确 | | |
| 5 | 完成时间 | 10 | 能按时完成各实训内容 | | |
| 6 | 计算成果质量 | 10 | 内容齐全、整洁 | | |

存在问题:

教师评价:____________ 评价时间:________年____月____日

【思政小课堂】

## 创新、绿色理念贯穿深中通道桥梁工程

深中通道是世界级的跨海集群工程，其中长约 17.2 km 的桥梁工程在建设过程中面临诸多挑战。设计建设者们始终将创新和绿色理念贯穿其中，创下多项世界纪录。从空中俯瞰，深中通道桥梁段和西人工岛就像一只展翅的风筝，由中山大桥、伶仃洋大桥、非通航孔桥组成的桥梁段则是长长的风筝线。伶仃洋大桥处在珠江口台风频发区和海洋强腐蚀区，超大跨径、超高桥面及全海中大型锚碇建造等，给桥梁结构安全和耐久性带来极大挑战。从海底基础到主缆架设，从桥面钢箱梁制造到安装，伶仃洋大桥首创了新设备、新系统，在超高桥梁抗风等方面创造了 5 项国际领先技术。中山大桥的桥面铺设首次实现了新材料的研发应用，不但更加绿色环保，工效提高 300%，同时大幅提升了桥面耐久性。

（相关资料来自央视网）

# 项目四 地下管线探测

**项目说明**

本项目主要学习地下管线探测的方法，根据管线材质不同，包括雨水管线探测、给水管线探测。通过项目实训，使学生能够掌握雨水、给水管线草图的绘制方法；掌握雨水、给水管线调查记录表的填写方法；掌握测量雨水、给水管线埋深及管径的测量方法；掌握管线点地面标志的设置方法；掌握管线点的测量方法；同时,培养学生的团队精神和团队协作能力；培养学生严谨细致的工作态度。

**项目任务**

任务一　雨水管线探测
任务二　给水管线探测

**项目成果**

1.雨水管线探查草图;
2.雨水管线调查记录表;
3.给水管线探查草图;
4.给水管线调查记录表。

# 任务一　雨水管线探测

## 一、目的与要求

### (一)技能目标

能够绘制雨水管线检查草图、能够填写雨水管线探查记录表、能够测量雨水管线埋深及管径、能够进行管线点地面标志设置、能够进行管线点测量。

雨水管线探测

### (二)情感目标

培养学生安全责任意识和吃苦耐劳精神。

## 二、仪器与器材

全站仪及脚架 1 套,探杆、铁钩、钢卷尺、油漆、毛笔。

## 三、实训任务

任课老师为各小组选定不少于 5 个雨水井(含雨水箅)的雨水管线探测线路,进行雨水管线探测实训任务。

## 四、步骤与方法

(1)初步绘制草图:根据实际情况在草图上绘制测区内雨水管线点(雨水井、雨水箅)位置,如图 4-1-1 所示。

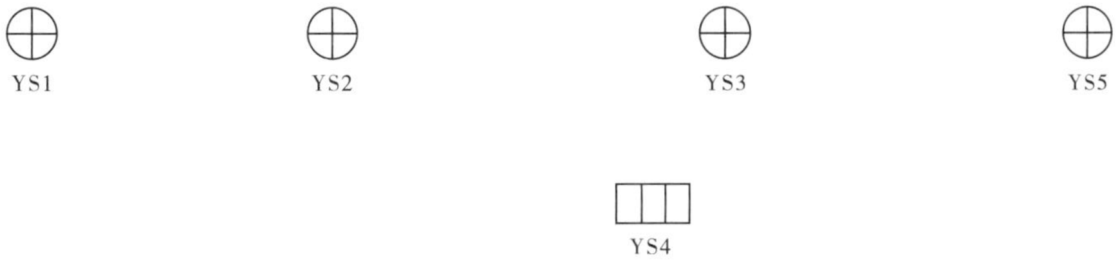


图 4-1-1　初步绘制雨水管线草图

(2)实地探查:用探杆、钢卷尺探查雨水管线的埋深(管内底到地面的垂直距离)、管径及管井的井底深,现场调查雨水管线点的构筑物、附属设施及管线的材质、流向、连接关系等,并标注在草图相应位置上,如图 4-1-2 所示,探杆总长为 $s$,探杆短边直径为 $d$,则埋深为 $s-h_1$,管径为 $h_2-h_1+d$。

(3)详细绘制草图:根据实地探查中测得的数据详细绘制草图,如图 4-1-3 所示。

(4)设置管线点地面标志:用油漆在井盖中心标注"⊕",并在管线点附近明显地物上,用红色油漆标注管线点号和栓距。

(5)管线点测量:使用全站仪或 RTK,利用校内控制点测量管线点坐标及高程。

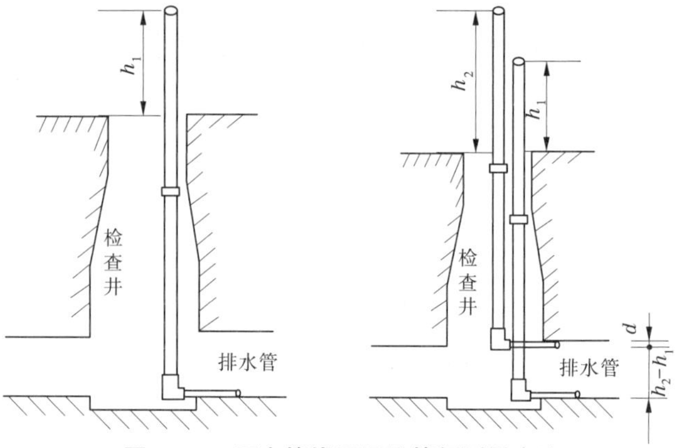


图 4-1-2　雨水管线埋深及管径测量方法

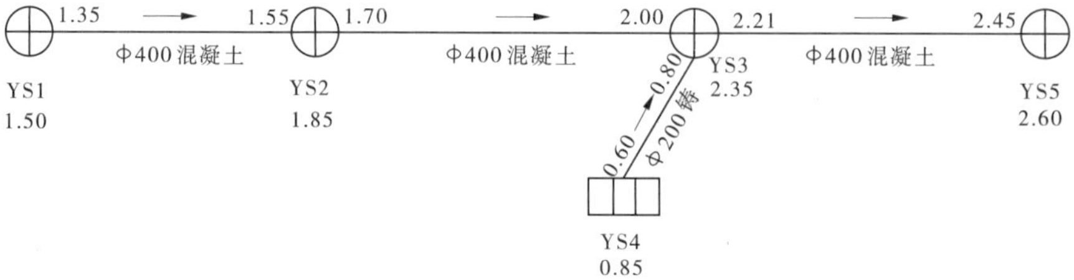


图 4-1-3　详细绘制雨水管线草图

## 五、注意事项

(1)强调实习过程中注意安全,包括实习学生安全、仪器和器材安全及管井周边车辆与人员安全。

(2)雨水管线属于排水管线的子类,测量埋深时应量到管内底。

## 六、实训成果

实训结束后,上交以下成果:

(1)雨水管线探查草图;

(2)雨水管线探查记录表。

雨水管线探查草图

班级:__________ 姓名:__________ 学号:__________ 组别:__________ 日期:__________

## 雨水管线探查记录表

班级:__________ 学号:__________ 姓名:__________ 组别:__________ 日期:__________

测区:__________ 管线类型:__________ 图幅编号:__________ 仪器型号:__________

| 管线点号 | 连接点号 | 管线点类别 | | 材质 | 管线规格/mm | 载体特征 | | 探查方法 | | 埋深/m | | | 埋设 | | 权属单位 | 备注 |
|---|---|---|---|---|---|---|---|---|---|---|---|---|---|---|---|---|
| | | 特征 | 附属物 | | | 压力（电压） | 流向（根数） | 定位 | 定深 | 外顶（内底） | 中心 | | 方式 | 年代 | | |
| | | | | | | | | | | | 探测 | 修正后 | | | | |
| 1 | 2 | 3 | 4 | 5 | 6 | 7 | 8 | 9 | 10 | 11 | 12 | 13 | 14 | 15 | 16 | 17 |
| | | | | | | | | | | | | | | | | |
| | | | | | | | | | | | | | | | | |
| | | | | | | | | | | | | | | | | |
| | | | | | | | | | | | | | | | | |
| | | | | | | | | | | | | | | | | |
| | | | | | | | | | | | | | | | | |
| | | | | | | | | | | | | | | | | |
| | | | | | | | | | | | | | | | | |
| | | | | | | | | | | | | | | | | |
| | | | | | | | | | | | | | | | | |

探查者:__________ 探查日期:__________ 校核者:__________ 第___页,共___页

## 七、成绩考核

(1) 自我评价

| 任务名称 | | 实训场地 | | | |
|---|---|---|---|---|---|
| 姓名学号 | | 班级组别 | | 成绩 | |
| 序号 | 考核项 | 分值 | 实训要求 | 自我评定 | 备注 |
| 1 | 实训态度、思想意识 | 10 | 实训态度认真，思想意识高 | | |
| 2 | 实训纪律、团队协作 | 10 | 遵守纪律，服从管理，团队协作能力强 | | |
| 3 | 雨水管线实地探查过程 | 10 | 埋深、管径测量准确 | | |
| 4 | 雨水管线探查草图 | 15 | 记录规范、要素表达完整 | | |
| 5 | 雨水管线调查记录表 | 15 | 内容准确、完整 | | |
| 6 | 实训内容完成情况 | 10 | 能独立完成各实训内容 | | |
| 7 | 实训内容完成时间 | 10 | 能按时完成各实训内容 | | |
| 8 | 实训安全情况 | 10 | 实训安全，无事故 | | |
| 9 | 分析问题和解决问题的能力 | 10 | 分析和解决实训问题的能力强 | | |

实训总结与反思：

组长评价：____________　　　　评价时间：________年____月____日

(2)教师评价

| 任务名称 | | 实训场地 | | | |
|---|---|---|---|---|---|
| 姓名学号 | | 班级组别 | | 成绩 | |
| 序号 | 考核项 | 分值 | 实训要求 | 评定 | 备注 |
| 1 | 实训态度、思想意识 | 10 | 实训态度认真,思想意识高 | | |
| 2 | 实训纪律、团队协作 | 10 | 遵守纪律,服从管理,团队协作能力强 | | |
| 3 | 雨水管线实地探查过程 | 10 | 埋深、管径测量准确 | | |
| 4 | 雨水管线探查草图 | 15 | 记录规范、要素表达完整 | | |
| 5 | 雨水管线调查记录表 | 15 | 内容准确、完整 | | |
| 6 | 实训内容完成情况 | 10 | 能独立完成各实训内容 | | |
| 7 | 实训内容完成时间 | 10 | 能按时完成各实训内容 | | |
| 8 | 实训安全情况 | 10 | 实训安全,无事故 | | |
| 9 | 分析问题和解决问题的能力 | 10 | 分析和解决实训问题的能力强 | | |
| 存在问题:<br><br>教师评价:__________ 评价时间:______年____月____日 | | | | | |

# 任务二 给水管线探测

## 一、目的与要求

**(一)技能目标**

能够绘制给水管线探查草图、能够利用管线探测仪探测金属管线隐蔽管线点、能够填写给水管线探查记录表、能够测量给水管线埋深及管径、能够进行管线点地面标志设置、能够进行管线点测量。

给水管线探测

**(二)情感目标**

培养学生安全责任意识和吃苦耐劳精神。

## 二、仪器与器材

管线探测仪 1 套,全站仪及脚架 1 套,探杆、铁钩、钢卷尺、油漆、毛笔。

## 三、实训任务

任课老师为各小组选定不少于 3 个给水井的给水管线探测线路,进行给水管线探测实训任务,为练习管线探测仪使用方法,线路中指定不少于 1 个隐蔽管线点。

## 四、步骤与方法

(1)初步绘制草图:根据实际情况在草图上绘制测区内给水管线点(给水井、隐蔽管线点),如图 4-2-1 所示。

图 4-2-1 初步绘制给水管线草图

(2)实地探查:用探杆、钢卷尺探查给水管线的埋深(管外顶到地面的垂直距离)、管径及管井的井底深,现场调查给水管线点的构筑物、附属设施及管线的材质、连接关系等,并绘制在草图相应位置上。

(3)仪器探查:用管线探测仪探测隐蔽管线点的平面位置和埋深,并绘制在草图相应位置上。

(4)详细绘制草图:根据实地探查中测得的数据详细绘制草图,如图 4-2-2 所示。

(5)设置管线点地面标志:用油漆在井盖中心或隐蔽管线点处标注"⊕",并在管线点附近明显地物上,用红色油漆标注管线点号和栓距。

(6)管线点测量:使用全站仪或 RTK,利用校内控制点测量管线点坐标及高程。

## 五、注意事项

(1)强调实习过程中注意安全,包括实习学生安全、仪器器材安全及管井周边车辆与人员安全。

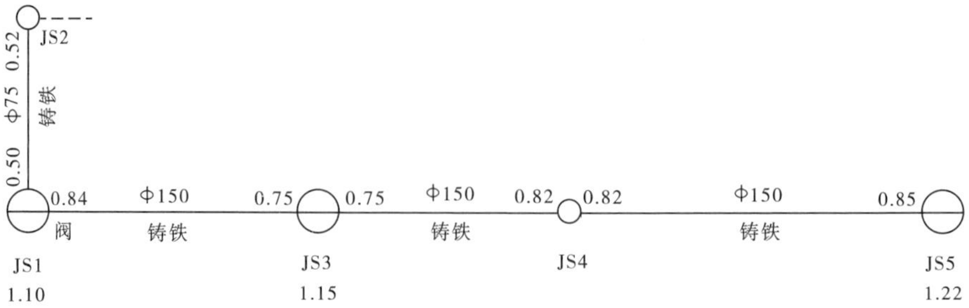


图 4-2-2　详细绘制给水管线草图

(2)给水管线测量埋深时应量到管外顶。

(3)管线探测仪探测出的隐蔽管线点深度为管道中心到地面的垂直距离,对于给水管线来说需减去管道半径为管线点埋深。

## 六、实训成果

实训结束后,上交以下成果:

(1)给水管线探查草图;

(2)给水管线探查记录表。

## 给水管线探查草图

班级:__________　姓名:__________　学号:__________　组别:__________　日期:__________

## 给水管线探查记录表

班级:__________ 学号:__________ 姓名:__________ 组别:__________ 日期:__________

测区:__________ 管线类型:__________ 图幅编号:__________ 仪器型号:__________

| 管线点号 | 连接点号 | 管线点类别 | | 材质 | 管线规格/mm | 载体特征 | | 探查方法 | | 埋深/m | | | 埋设 | | 权属单位 | 备注 |
|---|---|---|---|---|---|---|---|---|---|---|---|---|---|---|---|---|
| | | 特征 | 附属物 | | | 压力(电压) | 流向(根数) | 定位 | 定深 | 外顶(内底) | 中心 | | 方式 | 年代 | | |
| | | | | | | | | | | | 探测 | 修正后 | | | | |
| 1 | 2 | 3 | 4 | 5 | 6 | 7 | 8 | 9 | 10 | 11 | 12 | 13 | 14 | 15 | 16 | 17 |
| | | | | | | | | | | | | | | | | |
| | | | | | | | | | | | | | | | | |
| | | | | | | | | | | | | | | | | |
| | | | | | | | | | | | | | | | | |
| | | | | | | | | | | | | | | | | |
| | | | | | | | | | | | | | | | | |
| | | | | | | | | | | | | | | | | |
| | | | | | | | | | | | | | | | | |
| | | | | | | | | | | | | | | | | |
| | | | | | | | | | | | | | | | | |

探查者:__________ 探查日期:__________ 校核者:__________ 第____页,共____页

## 七、成绩考核

(1)自我评价

| | | | | | |
|---|---|---|---|---|---|
| 任务名称 | | 实训场地 | | | |
| 姓名学号 | | 班级组别 | | 成绩 | |
| 序号 | 考核项 | 分值 | 实训要求 | 自我评定 | 备注 |
| 1 | 实训态度、思想意识 | 10 | 实训态度认真,思想意识高 | | |
| 2 | 实训纪律、团队协作 | 10 | 遵守纪律,服从管理,团队协作能力强 | | |
| 3 | 给水管线实地探查过程 | 10 | 埋深、管径测量准确 | | |
| 4 | 给水管线探查草图 | 15 | 记录规范、要素表达完整 | | |
| 5 | 给水管线调查记录表 | 15 | 内容准确、完整 | | |
| 6 | 实训内容完成情况 | 10 | 能独立完成各实训内容 | | |
| 7 | 实训内容完成时间 | 10 | 能按时完成各实训内容 | | |
| 8 | 实训安全情况 | 10 | 实训安全,无事故 | | |
| 9 | 分析问题和解决问题的能力 | 10 | 分析和解决实训问题的能力强 | | |
| 实训总结与反思:<br><br>组长评价:__________ 评价时间:______年___月___日 | | | | | |

(2)教师评价

| 任务名称 | | 实训场地 | | | |
|---|---|---|---|---|---|
| 姓名学号 | | 班级组别 | | 成绩 | |
| 序号 | 考核项 | 分值 | 实训要求 | 评定 | 备注 |
| 1 | 实训态度、思想意识 | 10 | 实训态度认真,思想意识高 | | |
| 2 | 实训纪律、团队协作 | 10 | 遵守纪律,服从管理,团队协作能力强 | | |
| 3 | 给水管线实地探查过程 | 10 | 埋深、管径测量准确 | | |
| 4 | 给水管线探查草图 | 15 | 记录规范、要素表达完整 | | |
| 5 | 给水管线调查记录表 | 15 | 内容准确、完整 | | |
| 6 | 实训内容完成情况 | 10 | 能独立完成各实训内容 | | |
| 7 | 实训内容完成时间 | 10 | 能按时完成各实训内容 | | |
| 8 | 实训安全情况 | 10 | 实训安全,无事故 | | |
| 9 | 分析问题和解决问题的能力 | 10 | 分析和解决实训问题的能力强 | | |
| 存在问题:<br><br>教师评价:____________ 评价时间:________年____月____日 | | | | | |

【思政小课堂】

## 中国北斗：服务全球 造福人类

中国北斗：服务全球 造福人类

北斗卫星导航系统是中国着眼于国家安全和经济社会发展需要，自主建设运行的全球卫星导航系统，是为全球用户提供全天候、全天时、高精度的定位、导航和授时服务的国家重要时空基础设施。

20 世纪后期，中国开始探索适合国情的卫星导航系统发展道路，并逐步形成了三步走发展战略，2000 年年底建成北斗一号系统，向中国提供服务。2012 年年底建成北斗二号系统，向亚太地区提供服务，2020 年建成北斗三号系统，向全球提供服务。从北斗立项论证到启动实施，从双星定位到区域组网再到覆盖全球，20 多年间，我国在西昌卫星发射中心组织了 44 次发射任务。利用长征系列运载火箭，先后将 4 颗北斗一号试验卫星、20 颗北斗二号卫星和 35 颗北斗三号卫星送入预定轨道，任务成功率 100%。北斗三号全球卫星导航系统自 2020 年 7 月 31 号正式开通以来，经全球连续监测评估系统实时监测表明，系统定位、测速、授时精度及服务的可用性、连续性等均满足指标要求。北斗卫星导航系统已是联合国认可的四大全球卫星导航系统之一，与美国、俄罗斯、欧盟卫星导航系统的兼容与互操作及系统间合作持续深化。

# 项目五　地下工程测量

**项目说明**

地下工程测量中，隧道、矿山测量工作比较典型。本项目主要学习地下工程测量中，地面和地下控制网的布设，一井和两井定向，陀螺全站仪的定向过程。通过本项目的学习，使学生能够进行地面和地下控制网精度确定的计算，一井定向和两井定向的计算，陀螺全站仪的定向测量计算。同时，培养学生分析问题和解决问题的能力，培育良好的专业素养。

**项目任务**

任务一　隧道地面控制网精度确定
任务二　隧道地下控制网精度确定
任务三　一井定向计算
任务四　两井定向计算
任务五　陀螺全站仪定向测量计算

**项目成果**

1.隧道地面控制网精度确定计算成果;
2.隧道地下控制网精度确定计算成果;
3.一井定向计算成果;
4.两井定向计算成果;
5.陀螺全站仪定向测量计算成果。

# 任务一　隧道地面控制网精度确定

## 一、目的与要求

**(一)技能目标**

(1)掌握隧道地面控制网精度的确定方法;

(2)每人单独计算一份,2 学时内完成。

**(二)情感目标**

培养学生严谨认真、一丝不苟的工作态度。

隧道地面控制网精度确定

## 二、实训准备

(1)工具准备:计算器,笔,演算纸。

(2)数据准备:根据经济的发展需要,计划在广东省内的三明市与佛岗市之间修筑"三佛"铁路,全长 310 km。该线在穿越梅青岭地区时,需修筑梅子岭隧道及大青山隧道。梅子岭隧道(见图 5-1-1)是直线隧道,洞口点 $O$、$N$ 在定测阶段已在实地标出(见表 5-1-1),其里程分别为 K213+555.39 及 K218+161.39,全长 4 606 m。洞口点的高程分别为 501.28 m 和 500.67 m,采取全断面相向开挖,其贯通面在中央。为了确保隧道横向贯通的精度要求,试估算控制网的精度。

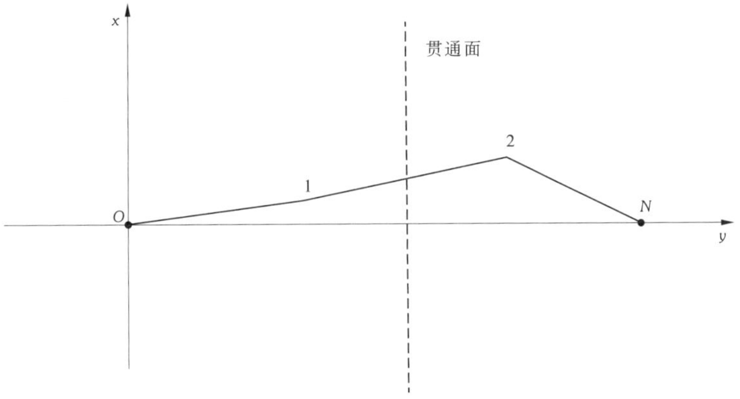


图 5-1-1　梅子岭隧道导线图(1∶10 000)

表 5-1-1　梅子岭隧道导线点坐标表

| 点号 | $X$/m | $Y$/m |
|---|---|---|
| $O$ | 0.000 | 0.000 |
| 1 | 184.560 | 1 580.602 |
| 2 | 496.940 | 3 404.417 |
| $N$ | 0.000 | 4 606.000 |

## 三、计算步骤

(1)根据两相向开挖的隧道洞口间的长度确定隧道横向贯通中误差的允许值 $\Delta q$(见表 5-1-2),并进一步确定地面控制测量误差所引起的横向贯通中误差的允许值。

表 5-1-2 铁路隧道贯通误差限值

| 开挖洞口间长度/km | <4 | 4~8 | 8~10 | 10~13 | 13~17 | 17~20 |
| --- | --- | --- | --- | --- | --- | --- |
| 横向贯通误差/mm | 100 | 150 | 200 | 300 | 400 | 500 |
| 高程贯通误差/mm | ±50 | | | | | |

横向贯通中误差的允许值($\Delta q$ 为横向贯通误差限值):

$$M_q = \frac{1}{2}\Delta q \tag{5-1-1}$$

地面控制测量误差所引起的横向贯通中误差的允许值:

$$m_{q允} = \frac{M_q}{\sqrt{3}} \tag{5-1-2}$$

(2)选点。选点如图 5-1-1 所示,布设成单导线,要求将洞口点 $O$、$N$ 作为导线端点,并要求控制点之间通视良好。

横向贯通误差精度估算:

①隧道全长为 4 606 m,假设采用三等导线测量,则查表 5-1-3,测角中误差 $m''_\beta = \pm 1.8''$,测边相对中误差为 1∶150 000。

表 5-1-3 各等级导线测量的主要技术要求(节选)

| 等级 | 导线长度/km | 平均边长/km | 测角中误差/(″) | 测距中误差/mm | 测距相对中误差 | 测回数 | | | | 方位角闭合差/(″) | 导线全长相对闭合差 |
| --- | --- | --- | --- | --- | --- | --- | --- | --- | --- | --- | --- |
| | | | | | | 0.5″级仪器 | 1″级仪器 | 2″级仪器 | 6″级仪器 | | |
| 三等 | 14 | 3 | ±1.8 | 20 | 1/150 000 | 4 | 6 | 10 | — | $3.6\sqrt{n}$ | ≤1/55 000 |
| 四等 | 9 | 1.5 | ±2.5 | 18 | 1/80 000 | 2 | 4 | 6 | — | $5\sqrt{n}$ | ≤1/35 000 |

注:此表选自《跨座式单轨交通工程测量标准》(GB/T 51361—2021)。

②利用给定坐标计算各导线点至贯通面的垂直距离 $R_i$ 和各导线边在贯通面上的投影长度 $d_i$。计算原始数值,精确到米甚至十米即可。

③洞外单导线误差所引起的横向贯通影响值为

$$m_{q外} = \sqrt{\left(\frac{m_S}{S}\right)^2 \sum_{i=1}^{n} d_i^2 + \left(\frac{m_\beta}{\rho}\right)^2 \sum_{i=1}^{n-1} R_i^2} \tag{5-1-3}$$

④比较 $m_{q外}$ 和 $m_{q允}$，确定导线等级，从而选择仪器和观测方法。

若 $m_{q外} \leqslant m_{q允}$，则三等导线能满足该横向限差的要求；否则，重新假设更高等级的导线估算。

## 四、实训成果

实训结束后，上交隧道地面控制网精度确定计算表。

## 隧道地面控制网精度确定计算表

班级：__________ 姓名：__________ 学号：__________ 组别：__________ 日期：__________

### 限差计算表

| 隧道长度 $L$ | 横向贯通误差限值 $\Delta q$ | 横向贯通中误差的允许值 $M_q$ | 地面控制测量误差所引起的横向贯通中误差的允许值 $m_{q允}$ |
|---|---|---|---|
| | | | |

### 垂直距离 $R_i$ 和投影长度 $d_i$

| 点号 | $R_i$ | $d_i$ |
|---|---|---|
| $O$ | — | |
| 1 | | |
| 2 | | |
| $N$ | — | |

## 五、成绩考核

(1)自我评价

| 任务名称 | | 实训场地 | | | |
|---|---|---|---|---|---|
| 姓名学号 | | 班级组别 | | 成绩 | |
| 序号 | 考核项 | 分值 | 实训要求 | 自我评定 | 备注 |
| 1 | 态度、思想意识 | 10 | 态度认真,思想意识高 | | |
| 2 | 计算纪律 | 20 | 遵守纪律,服从指导教师、组长管理 | | |
| 3 | 计算完成情况 | 40 | 能独立完成计算内容 | | |
| 4 | 计算完成时间 | 10 | 能按时完成计算内容 | | |
| 5 | 计算成果质量 | 20 | 规范、完整,计算准确 | | |

实训总结与反思:

组长评价:____________　　　　评价时间:________年____月____日

(2)教师评价

| 任务名称 | | 实训场地 | | | |
|---|---|---|---|---|---|
| 姓名学号 | | 班级组别 | | 成绩 | |
| 序号 | 考核项 | 分值 | 实训要求 | 评定 | 备注 |
| 1 | 态度、思想意识 | 10 | 态度认真,思想意识高 | | |
| 2 | 计算纪律 | 20 | 遵守纪律,服从指导教师、组长管理 | | |
| 3 | 计算完成情况 | 40 | 能独立完成计算内容 | | |
| 4 | 计算完成时间 | 10 | 能按时完成计算内容 | | |
| 5 | 计算成果质量 | 20 | 规范、完整,计算准确 | | |
| 存在问题:<br><br>教师评价:__________ 评价时间:______年___月___日 | | | | | |

# 任务二　隧道地下控制网精度确定

## 一、目的与要求

### (一)技能目标

掌握隧道地下控制网精度确定的方法;掌握隧道地下控制网精度的推算方法。

隧道地下控制网精度确定

### (二)情感目标

培养学生严谨认真、一丝不苟的工作态度。

## 二、实训准备

(1)工具准备:计算器,笔,演算纸。

(2)数据准备:在前面所述的直线隧道梅子岭隧道中,隧道全长为 4 606 m,采取两洞口相向开挖,假设布设地下导线的平均边长为 150 m,试估算导线精度。

## 三、计算步骤

对于直线隧道或半径非常大的曲线隧道,单导线为近似等边直伸导线(如图 5-2-1 所示),此时,导线各边长 $S_1 \approx S_2 \approx \cdots \approx S_n = S = 150$ m,且在贯通面上的投影长度 $d_i \approx 0$,则:

$$m_q = \frac{m_\beta}{\rho} nS \sqrt{\frac{n + 1.5}{3}} \leqslant m_{q允} \tag{5-2-1}$$

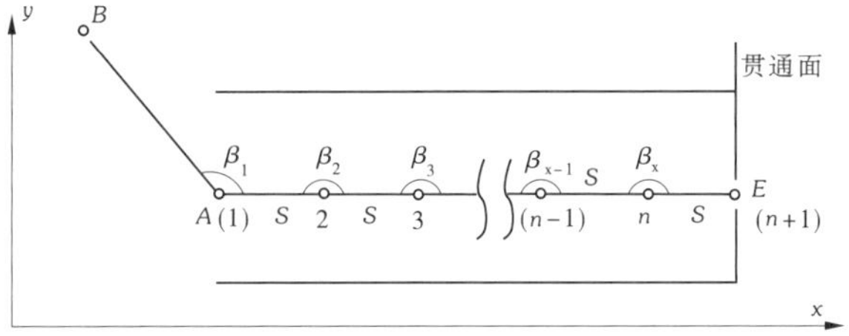


图 5-2-1

根据两相向开挖的隧道洞口间的长度确定隧道横向贯通中误差的允许值,并进一步确定地下单导线测量误差所引起的横向贯通中误差的允许值。

(1)横向贯通中误差的允许值 $m_q = \frac{1}{2}\Delta q$ ( $\Delta q$ 为横向贯通误差限值,见表 5-1-2)。

(2)根据规范确定地下单导线测量误差所引起的横向贯通中误差的允许值 $m_{q允}$。

①计算 $n$ 值:$n \approx \frac{L}{S}$。$L$ 为洞口点至贯通面的垂距, $S$ 为地下导线的平均边长。

②把 $n$,$S$ , $m_{q允}$代入式(5-2-2),即可求出地下导线测角中误差的设计值为

$$m_\beta \leqslant \rho \frac{m_{q允}}{nS}\sqrt{\frac{3}{n+1.5}} \qquad (5\text{-}2\text{-}2)$$

再根据 $m_\beta$ 确定地下导线测量的等级、精度、观测方案和各项限差等。

## 四、实训成果

实训结束上交地下控制网精度确定计算表。

**地下控制网精度确定计算表**

班级:__________ 姓名:__________ 学号:__________ 组别:__________ 日期:__________

| 横向贯通误差限值 $\Delta q$ | 横向贯通中误差的允许值 $m_q$ | 地面控制测量误差所引起的横向贯通中误差的允许值 $m_{q允}$ | $n$ 值 | 地下导线测角中误差的设计值 $m_\beta$ | 地下导线测量的等级 |
|---|---|---|---|---|---|
| | | | | | |

## 五、成绩考核

(1)自我评价

<table>
<tr><td>任务名称</td><td></td><td>实训场地</td><td colspan="3"></td></tr>
<tr><td>姓名学号</td><td></td><td>班级组别</td><td></td><td>成绩</td><td></td></tr>
<tr><td>序号</td><td>考核项</td><td>分值</td><td>计算要求</td><td>自我评定</td><td>备注</td></tr>
<tr><td>1</td><td>态度、思想意识</td><td>10</td><td>态度认真,思想意识高</td><td></td><td></td></tr>
<tr><td>2</td><td>计算纪律</td><td>20</td><td>遵守纪律,服从指导教师、组长管理</td><td></td><td></td></tr>
<tr><td>3</td><td>计算完成情况</td><td>40</td><td>能独立完成计算内容</td><td></td><td></td></tr>
<tr><td>4</td><td>计算完成时间</td><td>10</td><td>能按时完成计算内容</td><td></td><td></td></tr>
<tr><td>5</td><td>计算成果质量</td><td>20</td><td>规范、完整,计算准确</td><td></td><td></td></tr>
<tr><td colspan="6">实训总结与反思:<br><br><br>组长评价:____________　　　　评价时间:________年____月____日</td></tr>
</table>

(2)教师评价

| 任务名称 | | 实训场地 | | | |
|---|---|---|---|---|---|
| 姓名学号 | | 班级组别 | | 成绩 | |
| 序号 | 考核项 | 分值 | 计算要求 | 评定 | 备注 |
| 1 | 态度、思想意识 | 10 | 态度认真,思想意识高 | | |
| 2 | 计算纪律 | 20 | 遵守纪律,服从指导教师、组长管理 | | |
| 3 | 计算完成情况 | 40 | 能独立完成计算内容 | | |
| 4 | 计算完成时间 | 10 | 能按时完成计算内容 | | |
| 5 | 计算成果质量 | 20 | 规范、完整,计算准确 | | |

存在问题:

教师评价:__________ 评价时间:______年____月____日

# 任务三 一井定向计算

## 一、目的与要求

### (一)技能目标

掌握单井定向的外业数据检核;掌握一井定向坐标方位角的推算方法;掌握单井定向的计算过程。

一井定向

### (二)情感目标

培养学生严谨认真、实事求是的工作态度。

## 二、实训准备

(1)工具准备:计算器,笔,演算纸。

(2)数据准备:某联系三角形观测数据如表 5-3-1 所示(长度单位:m)。

表 5-3-1 联系三角形观测数据

| $\alpha$ | $\varphi$ | $\omega$ | $\alpha_1$ | $\varphi_1$ | $\omega_1$ | $a$ | $b$ | $c$ | $a_1$ | $b_1$ | $c_1$ |
|---|---|---|---|---|---|---|---|---|---|---|---|
| 0°02′35.8″ | 102°30′14.2″ | 102°32′53″ | 1°51′23″ | 112°07′27″ | 113°58′51.5″ | 2.807 1 | 3.330 2 | 6.137 3 | 2.806 1 | 3.327 4 | 6.129 7 |

联系三角形观测略图如图 5-3-1 所示。

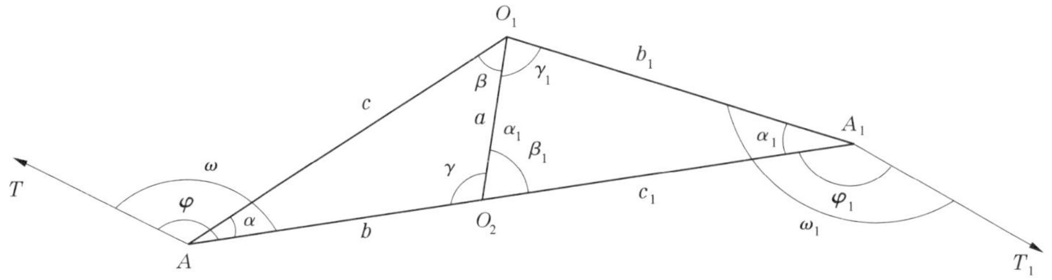


图 5-3-1 联系三角形观测略图

已知 $\alpha_{AT}=300°00'00''$,$x_A=y_A=50$ m,试解算三角形,并计算 $\alpha_{A_1T_1}$,$x_{A_1}$,$y_{A_1}$。

## 三、步骤与方法

### (一)测站平差

因为观测值 $\alpha(\alpha_1)$,$\varphi(\varphi_1)$,$\omega(\omega_1)$互相不独立,即 $\alpha+\varphi=\omega$,$\alpha_1+\varphi_1=\omega_1$,故应首先进行测站平差:

闭合差: $$f=\omega-(\alpha+\varphi) \qquad f_1=\omega_1-(\alpha_1+\varphi_1) \tag{5-3-1}$$

各角分配改正值为

$$V_\omega=-\frac{f}{3},V_\alpha=V_\varphi=+\frac{f}{3} \tag{5-3-2}$$

$$V_{\omega_1} = -\frac{f_1}{3}, V_{\alpha_1} = V_{\varphi_1} = +\frac{f_1}{3} \tag{5-3-3}$$

**(二)计算两悬垂线的间距 $a$(或 $a_1$)**

$$a_{计} = \sqrt{b^2 + c^2 - 2bc\cos\hat{\alpha}} \tag{5-3-4}$$

$$a_{1计} = \sqrt{b_1^{\ 2} + c_1^{\ 2} - 2b_1c_1\cos\hat{\alpha}_1} \tag{5-3-5}$$

$$\Delta a = a_{计} - a_{测} \qquad \Delta a_1 = a_{1计} - a_{1测} \tag{5-3-6}$$

限差规定 $\Delta a$ 不超过±2 mm,$\Delta a_1$ 不超过±4 mm,若在限差之内应进行改正,方法如下:

最大角所对边:$+\frac{\Delta a}{3}$( 或 $+\frac{\Delta a_1}{3}$),另两边: $-\frac{\Delta a}{3}$(或 $-\frac{\Delta a_1}{3}$)。

**(三)计算 $\beta,\gamma(\beta_1,\gamma_1)$**

$$\sin\beta = \frac{b}{a}\sin\alpha, \sin\gamma = \frac{c}{a}\sin\alpha \tag{5-3-7}$$

求出 $\beta,\gamma$ 后应检核:$\alpha+\beta+\gamma=180°$,若有误差平均分配给 $\beta,\gamma$ 角。

$\beta_1$、$\gamma_1$ 的计算与此相同。

**(四)计算 $\alpha_{A_1T_1}$、$x_{A_1}$、$y_{A_1}$**

$$\alpha_{A_1T_1} = \alpha_{AT} + \hat{\varphi} - \hat{\beta} + \hat{\beta}_1 - \hat{\varphi}_1 \pm 3 \times 180° \tag{5-3-8}$$

$$x_{A_1} = x_A + \Delta x_{AO_1} + \Delta x_{O_1O_2} + \Delta x_{O_2A_1} \tag{5-3-9}$$

$$y_{A_1} = y_A + \Delta y_{AO_1} + \Delta y_{O_1O_2} + \Delta y_{O_2A_1} \tag{5-3-10}$$

## 四、实训成果

实训结束后,上交以下成果:

(1)一井定向计算成果表。

(2)联系三角形解算表。

## 一井定向计算成果表

班级__________　学号：__________　姓名：__________　组别：__________　日期：__________

1. 测站平差成果

| 闭合差 | | | |
| --- | --- | --- | --- |
| $f$ | | $f_1$ | |

| 各角分配改正值 | | | | | |
| --- | --- | --- | --- | --- | --- |
| $V_\alpha$ | | $V_\varphi$ | | $V_\omega$ | |
| $V_{\alpha1}$ | | $V_{\varphi1}$ | | $V_{\omega1}$ | |

| 改正之后角值 | | | |
| --- | --- | --- | --- |
| $\hat{\alpha}$ | | $\hat{\alpha}_1$ | |
| $\hat{\varphi}$ | | $\hat{\varphi}_1$ | |
| $\hat{\omega}$ | | $\hat{\omega}_1$ | |

2. 联系三角形解算成果(见下页)

3. 井下定向计算成果

计算过程：____________________________________________________________

计算结果：

| $\alpha_{A_1T_1}$ | $x_{A_1}$ | $y_{A_1}$ |
| --- | --- | --- |
| | | |
| | | |

## 联系三角形解算表

班级：__________ 学号：__________ 姓名：__________ 组别：__________ 日期：__________

| 边长 $a$ 计算 | | | 角度 $\beta$、$\gamma$ 计算 | | | 略图 |
|---|---|---|---|---|---|---|
| $a$ | 井上 | 井下 | | 井上 | 井下 | |
| $a_{计算}$ | | | $\sin\beta$ | | | |
| $a_{测量}$ | | | $\beta$ | | | |
| $\Delta a = a_{测} - a_{计}$ | | | $\sin\gamma$ | | | |
| | | | $\gamma$ | | | |

| 边长及角度观测值 | | | 改正数 | | | 平差值 | | 角度 | 计算值 | | 平差值 | |
|---|---|---|---|---|---|---|---|---|---|---|---|---|
| | 井上 | 井下 | | 井上 | 井下 | 井上 | 井下 | | 井上 | 井下 | 井上 | 井下 |
| $b$ | | | $-\frac{\Delta a}{3}$ | | | | | $\alpha$ | | | | |
| $b$ | | | $-\frac{\Delta a}{3}$ | | | | | $\beta$ | | | | |
| $c$ | | | $+\frac{\Delta a}{3}$ | | | | | $\gamma$ | | | | |
| $\alpha$ | | | | | | | | $\Sigma$ | | | | |

## 五、成绩考核

(1)学生评价

<table>
<tr><td>任务名称</td><td></td><td>实训场地</td><td colspan="3"></td></tr>
<tr><td>姓名学号</td><td></td><td>班级组别</td><td></td><td>成绩</td><td></td></tr>
<tr><td>序号</td><td>考核项</td><td>分值</td><td>计算要求</td><td>自我评定</td><td>备注</td></tr>
<tr><td>1</td><td>态度、思想意识</td><td>10</td><td>态度认真,思想意识高</td><td></td><td></td></tr>
<tr><td>2</td><td>计算纪律</td><td>20</td><td>遵守纪律,服从指导教师、组长管理</td><td></td><td></td></tr>
<tr><td>3</td><td>计算完成情况</td><td>40</td><td>能独立完成计算内容</td><td></td><td></td></tr>
<tr><td>4</td><td>计算完成时间</td><td>10</td><td>能按时完成计算内容</td><td></td><td></td></tr>
<tr><td>5</td><td>计算成果质量</td><td>20</td><td>规范、完整,计算准确</td><td></td><td></td></tr>
<tr><td colspan="6">实训总结与反思:<br><br><br>组长评价:________　　　　评价时间:________年______月______日</td></tr>
</table>

(2)教师评价

| 任务名称 | | 实训场地 | | | |
|---|---|---|---|---|---|
| 姓名学号 | | 班级组别 | | 成绩 | |
| 序号 | 考核项 | 分值 | 计算要求 | 评定 | 备注 |
| 1 | 态度、思想意识 | 10 | 态度认真,思想意识高 | | |
| 2 | 计算纪律 | 20 | 遵守纪律,服从指导教师、组长管理 | | |
| 3 | 计算完成情况 | 40 | 能独立完成计算内容 | | |
| 4 | 计算完成时间 | 10 | 能按时完成计算内容 | | |
| 5 | 计算成果质量 | 20 | 规范、完整,计算准确 | | |
| 存在问题:<br><br>教师评价:________　　评价时间:________年______月______日 | | | | | |

# 任务四　两井定向计算

## 一、目的与要求

两井定向

### (一)技能目标

掌握两井定向的外业数据检核;掌握联系三角形法两井定向的计算过程。

### (二)情感目标

培养学生严谨认真、实事求是的工作态度。

## 二、实训准备

(1)工具准备:计算器,笔,演算纸。

(2)数据准备:某地下隧道采用两井定向,地面连接采用导线法,如图 5-4-1 所示,$R$ 为近井点,$A$、$B$、Ⅰ、Ⅱ为地面导线点,1、2 号点为地下导线点。已知:$x_{\mathrm{I}}=500.000\ \mathrm{m}$,$y_{\mathrm{I}}=500.000\ \mathrm{m}$,$\alpha_{R\mathrm{I}}=37°42'38''$,地面地下观测值如下:∠$R$ⅠA:112°51′33″,∠$R$ⅠⅡ:168°15′40″,∠ⅠⅡ$B$:126°10′48″,∠$A$12:269°57′17″,∠12$B$:272°25′14″,求地下导线各点坐标。

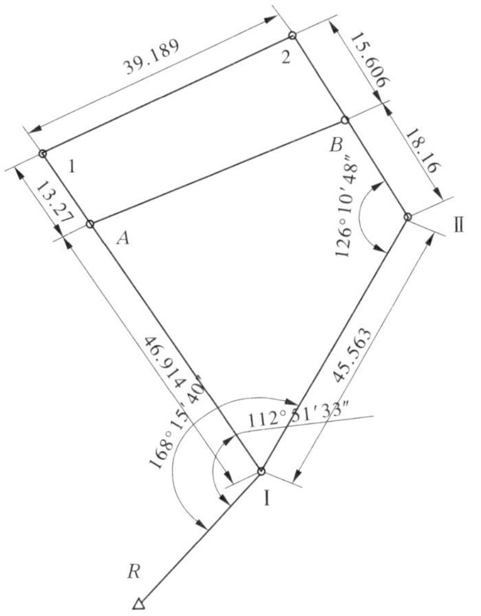


图 5-4-1　地下隧道采用两井定向示意　(单位:m)

## 三、计算步骤

### (一)根据已知数据计算 $A$,$B$ 两点坐标

(1)计算 $A$ 点坐标:

$$\alpha_{\text{I}A} = \alpha_{R\text{I}} + \angle R\text{I}A \pm 180^\circ \tag{5-4-1}$$

$$x_A = x_{\text{I}} + S_{\text{I}A}\cos\alpha_{\text{I}A} \tag{5-4-2}$$

$$y_A = y_{\text{I}} + S_{\text{I}A}\sin\alpha_{\text{I}A} \tag{5-4-3}$$

(2)计算 $B$ 点坐标:

$$\alpha_{\text{I}\,\text{II}} = \alpha_{R\text{I}} + \angle R\text{I}\,\text{II} \pm 180^\circ \tag{5-4-4}$$

$$\alpha_{\text{II}B} = \alpha_{\text{I}\,\text{II}} + \angle \text{I}\,\text{II}B \pm 180^\circ \tag{5-4-5}$$

$$x_B = x_{\text{I}} + S_{\text{I}\,\text{II}} \cdot \cos\alpha_{\text{I}\,\text{II}} + S_{\text{II}B}\cos\alpha_{\text{II}B} \tag{5-4-6}$$

$$y_B = y_{\text{I}} + S_{\text{I}\,\text{II}} \cdot \sin\alpha_{\text{I}\,\text{II}} + S_{\text{II}B}\sin\alpha_{\text{II}B} \tag{5-4-7}$$

**(二)计算 $AB$ 方位角 $\alpha_{AB}$ 和 $A$,$B$ 间水平距离 $AB$**

$$\tan\alpha_{AB} = \frac{y_B - y_A}{x_B - x_A} \tag{5-4-8}$$

$$AB = \sqrt{(\Delta x^2) + (\Delta y^2)} \tag{5-4-9}$$

**(三)由假定坐标推求井下连接导线**

(1)建立假定坐标系统。

以 $A$ 为原点,地下导线 $A$-1 边为 $x'$轴,建立坐标系,则

$$x'_A = y'_A = 0 \tag{5-4-10}$$

$$\alpha'_{A-1} = 00^\circ00'00'' \tag{5-4-11}$$

(2)利用井下导线观测数据,推算 $x'_B$, $y'_B$:

$$\alpha_{2B} = \alpha_{A1} + \angle A12 + \angle 12B \pm 2 \times 180^\circ \tag{5-4-12}$$

$$x'_B = x_A + \Delta x_{A1} + \Delta x_{12} + \Delta x_{2B} \tag{5-4-13}$$

$$y'_B = y_A + \Delta y_{A1} + \Delta y_{12} + \Delta y_{2B} \tag{5-4-14}$$

(3)计算地下导线 $AB$ 边的方位角及平距:

$$\tan\alpha'_{AB} = \frac{y'_B - y'_A}{x'_B - x'_A} \tag{5-4-15}$$

$$AB' = \sqrt{(\Delta x')^2 + (\Delta y')^2} \tag{5-4-16}$$

**(四)根据地面导线计算井下导线**

(1)求各地下导线边的方位角:

$$\alpha_{A1} = \alpha_{AB} - \alpha'_{AB} \tag{5-4-17}$$

任一边的方位角计算: $\alpha_i = \alpha_{A1} + \alpha'_i$

式中 $\alpha'_i$——计算地下导线的假定方位角。

(2)由 $x_A$,$y_A$,$\alpha_{A1}$ 计算地下各导线点坐标,直到 $B$ 点:

$$\left.\begin{aligned} x_1 &= x_A + \Delta x_{A1}, y_1 = y_A + \Delta y_{A1} \\ x_2 &= x_1 + \Delta x_{12}, y_2 = y_1 + \Delta y_{12} \\ x_{B''} &= x_2 + \Delta x_{2B}, y_{B''} = y_2 + \Delta y_{2B} \end{aligned}\right\} \tag{5-4-18}$$

(3)求闭合差。闭合差应符合限差要求:

$$\left.\begin{aligned} f_x &= x_B - x''_B \\ f_y &= y_B - y''_B \end{aligned}\right\} \tag{5-4-19}$$

(4)平差。将闭合差按与边长成正比反号分配：

$$\left.\begin{aligned} V_{x_1} &= -\frac{f_x}{\sum S} S_1 \\ V_{y_1} &= -\frac{f_y}{\sum S} S_1 \end{aligned}\right\} \tag{5-4-20}$$

则

$$\left.\begin{aligned} \bar{x}_1 &= x_1 + V_{x_1} \\ \bar{y}_1 &= y_1 + V_{y_1} \end{aligned}\right\} \tag{5-4-21}$$

$$\left.\begin{aligned} V_{x_2} &= -\frac{f_x}{\sum S} S_2 \\ V_{y_2} &= -\frac{f_y}{\sum S} S_2 \end{aligned}\right\} \tag{5-4-22}$$

则

$$\left.\begin{aligned} \bar{x}_2 &= x_2 + V_{x_1} + V_{x_2} \\ \bar{y}_2 &= y_2 + V_{y_1} + V_{y_2} \end{aligned}\right\} \tag{5-4-23}$$

$$\left.\begin{aligned} V_{x_B} &= -\frac{f_x}{\sum S} S_3 \\ V_{y_B} &= -\frac{f_y}{\sum S} S_3 \end{aligned}\right\} \tag{5-4-24}$$

$$\left.\begin{aligned} \bar{x}_B &= x''_B + V_{x_1} + V_{x_2} + V_{x_B} \\ \bar{y}_B &= y''_B + V_{y_1} + V_{y_2} + V_{y_B} \end{aligned}\right\} \tag{5-4-25}$$

## 四、实训成果

实训结束后，上交两井定向计算表。

## 两井定向计算表

班级:__________ 学号:__________ 姓名:__________ 组别:__________日期:________

### 地上导线计算表格

| 点号 | 方位角 | 边长/m | Δ$x$ | $x$ 坐标/m | Δ$y$ | $y$ 坐标/m |
|---|---|---|---|---|---|---|
| $R$ | | | | | | |
| | 37°42′38″ | | | | | |
| Ⅰ | | | | 500.000 | | 500.000 |
| | | 46.914 | | | | |
| $A$ | | | | | | |
| $R$ | | | | | | |
| | 37°42′38″ | | | | | |
| Ⅰ | | | | 500.000 | | 500.000 |
| | | 46.188 | | | | |
| Ⅱ | | | | | | |
| | | 18.160 | | | | |
| $B$ | | | | | | |

### 地下导线计算表

| 点号 | 方位角 | 边长/m | Δ$x$ | $x$ 坐标/m | Δy | y 坐标/$m$ |
|---|---|---|---|---|---|---|
| A | | | | 0.000 | | 0.000 |
| | 0°00′00″ | 13.270 | | | | |
| 1 | | | | 13.270 | | 0.000 |
| | | 39.189 | | | | |
| 2 | | | | | | |
| | | 15.605 | | | | |
| B | | | | | | |

### 根据地面导线计算地下导线表

| 点号 | 方位角 | 边长/m | Δ$x$ | $V_x$ | $x$ 坐标/m | Δ$y$ | $V_y$ | $y$ 坐标/m |
|---|---|---|---|---|---|---|---|---|
| $A$ | | | | | | | | |
| | | 13.270 | | | | | | |
| 1 | | | | | | | | |
| | | 39.189 | | | | | | |
| 2 | | | | | | | | |
| | | 15.605 | | | | | | |
| $B$ | | | | | | | | |

## 五、成绩考核

(1)自我评价

| | | | | | |
|---|---|---|---|---|---|
| 任务名称 | | 实训场地 | | | |
| 姓名学号 | | 班级组别 | | 成绩 | |
| 序号 | 考核项 | 分值 | 计算要求 | 自我评定 | 备注 |
| 1 | 态度、思想意识 | 10 | 态度认真,思想意识高 | | |
| 2 | 计算纪律 | 20 | 遵守纪律,服从指导教师、组长管理 | | |
| 3 | 计算完成情况 | 40 | 能独立完成计算内容 | | |
| 4 | 计算完成时间 | 10 | 能按时完成计算内容 | | |
| 5 | 计算成果质量 | 20 | 规范、完整,计算准确 | | |

实训总结与反思:

组长评价:________　　　　评价时间:________年______月______日

(2)教师评价

| 任务名称 | | 实训场地 | | | |
|---|---|---|---|---|---|
| 姓名学号 | | 班级组别 | | 成绩 | |
| 序号 | 考核项 | 分值 | 计算要求 | 评定 | 备注 |
| 1 | 态度、思想意识 | 10 | 态度认真,思想意识高 | | |
| 2 | 计算纪律 | 20 | 遵守纪律,服从指导教师、组长管理 | | |
| 3 | 计算完成情况 | 40 | 能独立完成计算内容 | | |
| 4 | 计算完成时间 | 10 | 能按时完成计算内容 | | |
| 5 | 计算成果质量 | 20 | 规范、完整,计算准确 | | |

存在问题:

教师评价:________　　　　评价时间:________年______月______日

# 任务五　陀螺全站仪定向测量计算

## 一、目的与要求

**(一)技能目标**

掌握陀螺全站仪定向测量的操作过程;掌握陀螺全站仪定向测量的计算步骤。

**(二)情感目标**

培养学生严谨认真、实事求是的工作态度。

陀螺全站仪定向测量的计算

## 二、实训准备

工具准备:计算器、三角板、铅笔。

## 三、作业步骤

**(一)准备工作**

(1)在地面上选择一条已知导线边 *AB* 作为观测边,要求该边适当长一些,方位角精度要高。

(2)在地下选择一条较长而且便于安置仪器的导线边作为观测边,设为 $P_1P_2$(见图 5-5-1)。

图 5-5-1　陀螺仪定向测量示意

**(二)实测方法**

(1)在地面选定的导线边 *AB* 的一端 *A* 点上安置好仪器,按实习的步骤进行陀螺仪定向测量,并测定 *AB* 边的方向值,共测三个测回。已知 *A* 点坐标为(3 837 348.200,19 618.396)(单位:m),*AB* 边的坐标方位角为 $\alpha_{AB}=96°04'42''$,观测记录见表 5-5-1(三个测回即互相独立地进行三次定向测量)。

表 5-5-1　地面边观测记录(井下定向前)

| | 测定边名称 | 观测方向值/(° ′ ″) | 陀螺仪摆幅观测中值/(° ′ ″) | 陀螺方位角/(° ′ ″) |
|---|---|---|---|---|
| 井下定向前 | *AB* | 89　55　50 | 354　13　11 | |
| | | 209　57　59 | 114　15　22 | |
| | | 320　08　15 | 224　25　41 | |
| | 平均值 | | | |

(2)将陀螺仪搬到地下定向边的一端 $P_1$ 上,同样采用两逆转点法进行定向测量,观测两个测回,观测结果如表 5-5-2 所示。

**表 5-5-2　地下定向边边测成果**

| 井下定向测量 | 测定边名称 | 观测方向值/(°　′　″) | 陀螺仪摆幅观测中值/(°　′　″) | 陀螺方位角/(°　′　″) |
|---|---|---|---|---|
| | $P_1P_2$ | 38　20　14 | 353　45　32 | |
| | | 239　27　32 | 194　52　53 | |
| | 平均值 | | | |

(3)把陀螺仪搬回地面导线边 $AB$ 上,在 $A$ 点安置仪器,再次对 $AB$ 边进行定向测量,同样测三个测回,观测结果如表 5-5-3 所示,并取井下定向前后两次观测陀螺方位角的平均值作为 $AB$ 边的陀螺方位角 $\alpha_{陀AB}$。

**表 5-5-3　地面边观测记录(井下定向后)**

| 井下定向后 | 测定边名称 | 观测方向值/(°　′　″) | 陀螺仪摆幅观测中值/(°　′　″) | 陀螺方位角/(°　′　″) |
|---|---|---|---|---|
| | $AB$ | 48　25　45 | 312　43　09 | |
| | | 151　27　38 | 55　45　04 | |
| | | 299　23　51 | 203　41　18 | |
| | | | 平均值 | |
| 井下定向前后所测陀螺方位角平均值 | | | | |

## 四、计算方法

因为陀螺仪北方向和坐标北方向并不重合,因此所求出的陀螺方位角并不是坐标方位角,必须求出它们之间的关系。

图 5-5-2 和图 5-5-3 所示为地面导线边 $AB$ 和地下导线边 $P_1P_2$ 的观测示意图。其中 $N$ 为地理北方向,$x$ 为坐标北方向,$N_T$ 为陀螺北方向。地理方位角和坐标方位角有一个差值,即子午线收敛角,在地面、地下观测时因地球曲率的变化而不同,分别设为 $\gamma_{AB}$,$\gamma_{P_1P_2}$。

图中 $A_{AB}$,$A_{P_1P_2}$ 分别为地面 $AB$ 边、地下 $P_1P_2$ 边的地理方位角;$\alpha_{AB}$,$\alpha_{P_1P_2}$ 分别为 $AB$ 边,$P_1P_2$ 边的坐标方位角;$\alpha_{陀AB}$,$\alpha_{陀P_1P_2}$ 分别为 $AB$ 边、$P_1P_2$ 边的陀螺方位角;$\Delta$ 为仪器常数。

由 $P_1P_2$ 观测图可得:

$$\alpha_{P_1P_2} = A_{P_1P_2} - \gamma_{P_1P_2} = \alpha_{陀P_1P_2} + \Delta - \gamma_{P_1P_2} \tag{5-5-1}$$

由 $AB$ 边观测图可得:

$$\Delta = A_{AB} - \alpha_{陀AB} = \alpha_{AB} + \gamma_{AB} - \alpha_{陀AB} \tag{5-5-2}$$

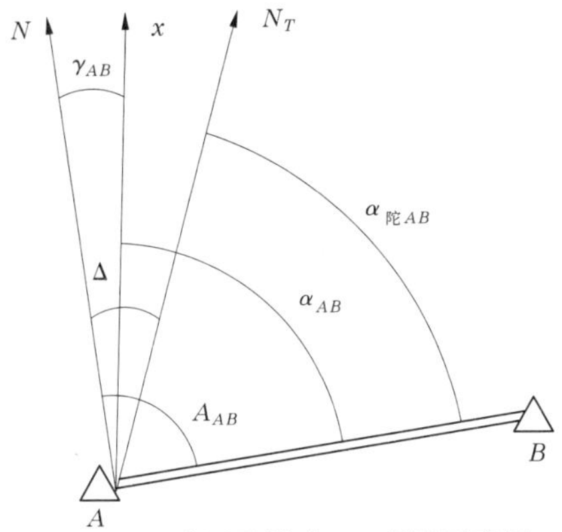


图 5-5-2　地面导线边 $AB$ 观测示意图

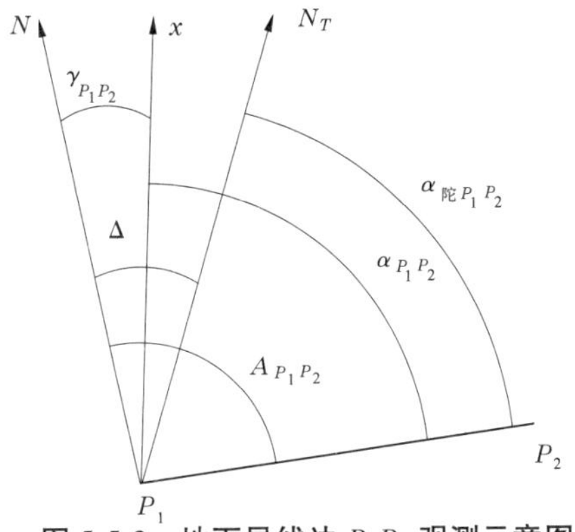


图 5-5-3　地下导线边 $P_1P_2$ 观测示意图

式(5-5-1)、式(5-5-2)综合得：

$$\alpha_{P_1P_2}=\alpha_{AB}+\alpha_{陀P_1P_2}-\alpha_{陀AB}+\gamma_{AB}-\gamma_{P_1P_2} \tag{5-5-3}$$

式中　$\alpha_{AB}$ 为已知数值，$\alpha_{陀P_1P_2}$，$\alpha_{陀AB}$ 为观测值。

$$\delta_\gamma=\gamma_{AB}-\gamma_{P_1P_2}=\mu(y_A-y_{P_1})[单位:('')] \tag{5-5-4}$$

而

$$\mu=32.3\tan\varphi[单位:('')/km] \tag{5-5-5}$$

式中　$\varphi$——观测地区的纬度，计算时取 $\varphi=32°$；

$y_A$——地面导线边端点 $A$ 的 $y$ 坐标(已知)；

$y_{P_1}$——地下导线边端点 $P_1$ 的 $y$ 坐标，为未知值，可在地形图上图解，本例中取 $y_{P_1}=19\ 619.419$ m。

由此即可求出地下导线边 $P_1P_2$ 的坐标方位角。

## 五、实训成果

实训结束后上交陀螺全站仪定向测量表。

## 陀螺全站仪定向测量表

班级:__________ 学号:__________ 姓名:__________ 组号:________ 日期:__________

### 地面边观测记录(井下定向前)

| | 测定边名称 | 观测方向值/(° ′ ″) | 陀螺仪摆幅观测中值/(° ′ ″) | 陀螺方位角/(° ′ ″) |
|---|---|---|---|---|
| 井下定向前 | AB | 89 55 50 | 354 13 11 | |
| | | 209 57 59 | 114 15 22 | |
| | | 320 08 15 | 224 25 41 | |
| | 平均值 | | | |

### 地下定向边边测成果

| | 测定边名称 | 观测方向值/(° ′ ″) | 陀螺仪摆幅观测中值/(° ′ ″) | 陀螺方位角/(° ′ ″) |
|---|---|---|---|---|
| 井下定向测量 | $P_1P_2$ | 38 20 14 | 353 45 32 | |
| | | 239 27 32 | 194 52 53 | |
| | 平均值 | | | |

### 地面边观测记录(井下定向后)

| | 测定边名称 | 观测方向值/(° ′ ″) | 陀螺仪摆幅观测中值/(° ′ ″) | 陀螺方位角/(° ′ ″) |
|---|---|---|---|---|
| 井下定向后 | AB | 48 25 45 | 312 43 09 | |
| | | 151 27 38 | 55 45 04 | |
| | | 299 23 51 | 203 41 18 | |
| | | | 平均值 | |
| 井下定向前后所测陀螺方位角平均值 | | | | |

## 六、成绩考核

(1)自我评价

<table>
<tr><td>任务名称</td><td></td><td>实训场地</td><td colspan="3"></td></tr>
<tr><td>姓名学号</td><td></td><td>班级组别</td><td></td><td>成绩</td><td></td></tr>
<tr><td>序号</td><td>考核项</td><td>分值</td><td>计算要求</td><td>自我评定</td><td>备注</td></tr>
<tr><td>1</td><td>态度、思想意识</td><td>10</td><td>态度认真,思想意识高</td><td></td><td></td></tr>
<tr><td>2</td><td>计算纪律</td><td>20</td><td>遵守纪律,服从指导教师、组长管理</td><td></td><td></td></tr>
<tr><td>3</td><td>计算完成情况</td><td>40</td><td>能独立完成计算内容</td><td></td><td></td></tr>
<tr><td>4</td><td>计算完成时间</td><td>10</td><td>能按时完成计算内容</td><td></td><td></td></tr>
<tr><td>5</td><td>计算成果质量</td><td>20</td><td>规范、完整,计算准确</td><td></td><td></td></tr>
<tr><td colspan="6">实训总结与反思:<br><br><br>组长评价:________ 评价时间:________年________月________日</td></tr>
</table>

(2)教师评价

<table>
<tr><td>任务名称</td><td colspan="2"></td><td>实训场地</td><td colspan="3"></td></tr>
<tr><td>姓名学号</td><td colspan="2"></td><td>班级组别</td><td></td><td>成绩</td><td></td></tr>
<tr><td>序号</td><td>考核项</td><td>分值</td><td colspan="2">计算要求</td><td>评定</td><td>备注</td></tr>
<tr><td>1</td><td>态度、思想意识</td><td>10</td><td colspan="2">态度认真,思想意识高</td><td></td><td></td></tr>
<tr><td>2</td><td>计算纪律</td><td>20</td><td colspan="2">遵守纪律,服从指导教师、组长管理</td><td></td><td></td></tr>
<tr><td>3</td><td>计算完成情况</td><td>40</td><td colspan="2">能独立完成计算内容</td><td></td><td></td></tr>
<tr><td>4</td><td>计算完成时间</td><td>10</td><td colspan="2">能按时完成计算内容</td><td></td><td></td></tr>
<tr><td>5</td><td>计算成果质量</td><td>20</td><td colspan="2">规范、完整,计算准确</td><td></td><td></td></tr>
<tr><td colspan="7">存在问题:<br><br><br>教师评价:________　　　　评价时间:________年________月________日</td></tr>
</table>

【思政小课堂】

## 没有比人更高的山
### ——2020 年珠峰测量

2020 年 5 月 27 日，中国人又一次登上世界海拔最高的珠穆朗玛峰峰顶。举世瞩目，期待中国给出“世界高度”新答案。珠峰见证——一群顽强、乐观、奉献的勇士，以坚韧不拔的意志、拼搏到底的勇气，战高寒、克缺氧、斗风雪，不登顶，誓不休。时代见证——与时间赛跑，与压力抗争，经过两个多月的艰苦拼搏，2020 珠峰高程测量登山队队员成功登顶测量，标志着 2020 珠峰高程测量取得关键性胜利。

# 项目六 水利工程测量

**项目说明**

本项目主要学习换算同时水位和水利工程细部放样。通过本项目的学习，使学生能够掌握水位计算的方法和大坝、电站、船闸、泄水闸及冲沙闸等设施的细部放样。同时，培养学生分析问题和解决问题的能力，培养学生严谨细致、一丝不苟、团队合作的能力。

**项目任务**

任务一　换算同时水位
任务二　水利工程细部放样

**项目成果**

1.细部点坐标计算表;
2.坐标放样检核表。

# 任务一 换算同时水位

## 一、目的与要求

换算同时水位

### （一）技能目标

能够进行换算同时水位的计算。

### （二）情感目标

培养学生严谨细致、一丝不苟、团队合作的能力。

## 二、计算步骤

如图 6-1-1 所示，设$H_A$、$H_B$ 和 $H_M$ 分别为某一时刻$t_1$ 于上游水位站 $A$、下游水位站 $B$ 和中间任一水位点 $M$ 测得的工作水位。$h_A$、$h_B$ 为 $A$、$B$ 两水位站 $t_2$ 时刻的同时水位。$L_{AB}$ 为上、下游两水位站之间的水平距离，$L_{AM}$ 为上游水位站 $A$ 至中间点 $M$ 的水平距离，$L_{MB}$ 为中间点 $M$ 至下游水位站 $B$ 的水平距离。计算 $M$ 点 $t_2$ 时刻的同时水位。计算步骤如下：

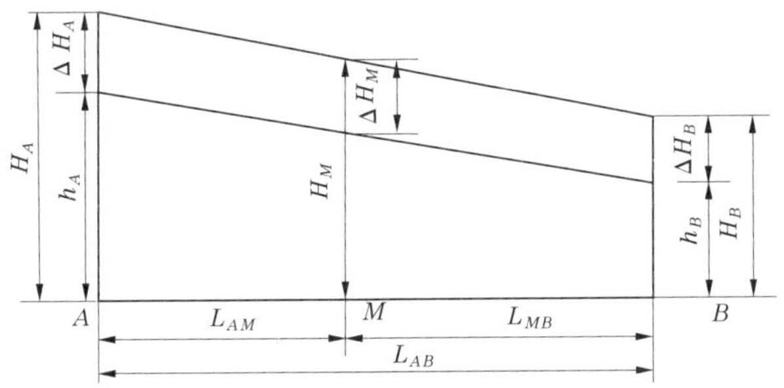


图 6-1-1 换算同时水位示意图

**方法一：假设各点间的落差改正数与各点间的落差成正比**

上游落差值 $\Delta H_A=H_A-h_A$，下游落差值 $\Delta H_B=H_B-h_B$，设 $\Delta H_M$ 为中间点 $M$ 的落差值。

由上游水位站推算时，可得

$$\Delta H_M = \Delta H_A - \frac{\Delta H_A - \Delta H_B}{H_A - H_B}(H_A - H_M) \tag{6-1-1}$$

由下游水位站推算时，可得

$$\Delta H_M = \Delta H_B + \frac{\Delta H_A - \Delta H_B}{H_A - H_B}(H_M - H_B) \tag{6-1-2}$$

由 $h_M=H_M-\Delta H_M$，则可计算 $M$ 点 $t_2$ 时刻的同时水位 $h_M$。

**方法二：假设各点间的落差改正数与各点间的距离成正比**

从上游水位站推算得

$$\Delta H_M = \Delta H_A - \frac{\Delta H_A - \Delta H_B}{L_{AB}}L_{AM} \tag{6-1-3}$$

由下游水位站推算得

$$\Delta H_M = \Delta H_B + \frac{\Delta H_A - \Delta H_B}{L_{AB}} L_{MB} \tag{6-1-4}$$

由 $h_M = H_M - \Delta H_M$，则可计算 $M$ 点 $t_2$ 时刻的同时水位 $h_M$。

## 三、实例计算

某河道的河道测量中的某一水位点 $M$ 在 2010 年 6 月 29 日 8 时 30 分的工作水位 $H_M$=48. 121 m，要求换算到 2010 年 6 月 10 日 12 时的同时水位。经查询该水位点 $M$ 的上游水位站清水河在 2010 年 6 月 10 日 12 时的水位为 48. 938 m，清水河水位站在 2010 年 6 月 29 日 8 时 30 分的水位为 49. 232 m。该水位点 $M$ 的下游水位站红水河在 2010 年 6 月 10 日 12 时的水位为 46. 681 m，红水河水位站在 2010 年 6 月 29 日 8 时 30 分的水位为 47. 043 m。

## 四、注意事项

水位计算是水域测量中经常遇到的一个问题，不同的数学模型解算的思路不同，其计算的工作量差异也很大。

## 五、实训成果

实训结束后上交 $M$ 点的同时水位计算成果。

M 点的同时水位计算成果

班级：__________ 学号：__________ 姓名：__________ 组别：__________ 日期：__________

方法一：

方法二：

## 六、成绩考核

(1)自我评价

| 任务名称 | | 实训场地 | | | |
|---|---|---|---|---|---|
| 姓名学号 | | 班级组别 | | 成绩 | |
| 序号 | 考核项 | 分值 | 实训要求 | 自我评定 | 备注 |
| 1 | 态度、思想意识 | 10 | 态度认真,思想意识高 | | |
| 2 | 实训纪律 | 10 | 遵守纪律,服从指导教师、组长管理 | | |
| 3 | 准备数据检查 | 20 | 成果精度符合限差要求 | | |
| 4 | 计算过程数据检查 | 40 | 规范、完整,计算准确 | | |
| 5 | 完成时间 | 10 | 能按时完成各实训内容 | | |
| 6 | 计算成果质量 | 10 | 内容齐全、整洁 | | |
| 实训总结与反思:<br><br>组长评价:________　　评价时间:________年________月________日 | | | | | |

(2)教师评价

| 任务名称 | | 实训场地 | | | |
|---|---|---|---|---|---|
| 姓名学号 | | 班级组别 | | 成绩 | |
| 序号 | 考核项 | 分值 | 实训要求 | 评定 | 备注 |
| 1 | 态度、思想意识 | 10 | 态度认真,思想意识高 | | |
| 2 | 实训纪律 | 10 | 遵守纪律,服从指导教师、组长管理 | | |
| 3 | 准备数据检查 | 20 | 成果精度符合限差要求 | | |
| 4 | 计算过程数据检查 | 40 | 规范、完整,计算准确 | | |
| 5 | 完成时间 | 10 | 能按时完成各实训内容 | | |
| 6 | 计算成果质量 | 10 | 内容齐全、整洁 | | |

存在问题:

教师评价:________ 评价时间:________年________月________日

# 任务二　水利工程细部放样

## 一、目的与要求

水利工程
细部放样

### （一）技能目标

能够认识大坝、电站、船闸、泄水闸及冲沙闸等设施的基本结构，能够计算各种建（构）筑物的轴线和细部坐标；能够使用全站仪进行水利工程细部坐标放样。

### （二）情感目标

培养学生严谨细致、一丝不苟、团队合作的能力。

## 二、仪器与器材

全站仪、三脚架、棱镜、对中杆、钢尺、锤子、钉子等。

## 三、实训任务

根据图 6-2-1 中 $A$ 点坐标和标注的尺寸，计算出 $B$—$M$ 点的坐标（其中 $B$—$C$ 为椭圆上的 1/4 曲线，根据标准方程需要加密计算 $B$—$C$ 间曲线上的点），使用全站仪根据坐标法放样出 $B$—$M$ 点及 $B$—$C$ 间的加密点，以便支立模板，浇筑混凝土。全站仪操作及注意事项参见《工程测量实训（基本操作）》中“项目三 任务六 全站仪法平面坐标放样”。

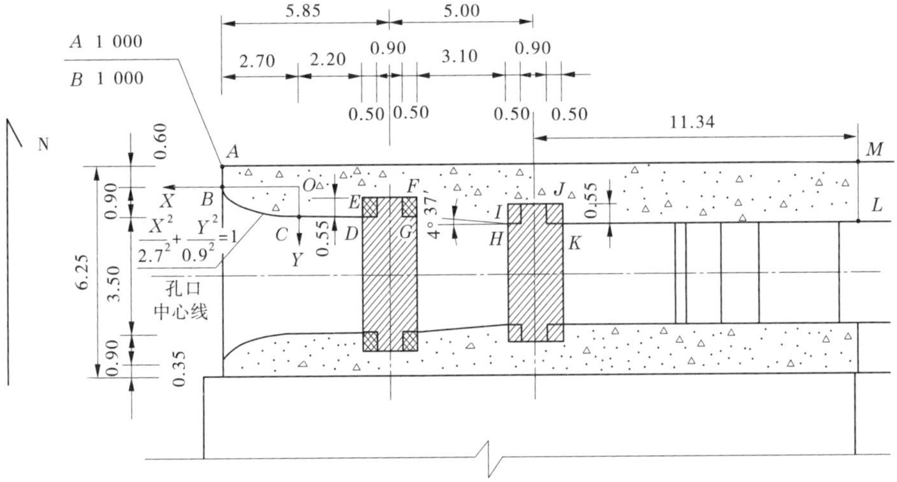


图 6-2-1　冲沙闸施工图

## 四、步骤与方法

### （一）数据准备

1. 计算 $B$—$C$ 曲线上的加密点坐标

$B$—$C$ 曲线为椭圆上的 1/4 曲线，如图 6-2-2 所示，为了兼顾放样效率和曲线的真实形状,可以在 $X$ 方向上较缓和处取 0.3 m 的间距,靠近 $B$ 点的位置取 0.1~0.05 m 的间距,根据椭圆标准方程计算各加密点的 $Y$ 值,即得出各加密点的坐标($X_{加i}$,$Y_{加i}$)。其中椭圆方程为:$\frac{X^2}{2.7^2}+\frac{Y^2}{0.9^2}=1$。

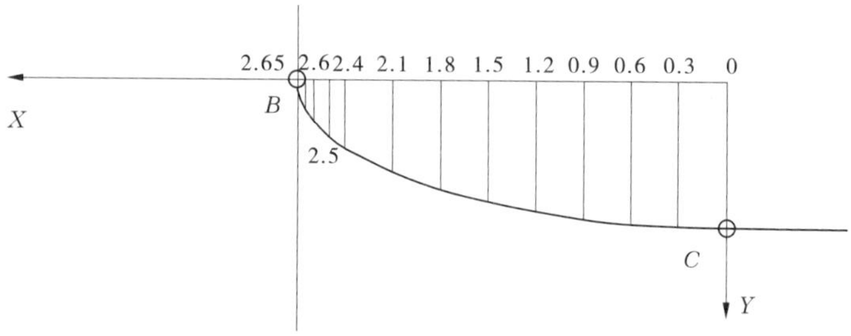


图 6-2-2　B—C 曲线段加密点示意图

利用加密点与 $O$ 点之间的相对位置关系,计算加密点在建筑坐标系中的坐标值($A_{加i}$,$B_{加i}$)。其步骤为:

(1)根据尺寸标注和 $A$ 点的建筑系的坐标(1 000,1 000),计算出 $O$ 点的建筑系的坐标为($A_O$,$B_O$)。

(2)计算各加密点的建筑坐标系坐标。

第 $i$ 加密点的 $A$ 值为:$A_{加i}=A_O-Y_{加i}$;

第 $i$ 加密点的 $B$ 值为:$B_{加i}=B_O-X_{加i}$。

将计算结果填入 B—C 段加密点坐标计算表中。

2. 计算 B—M 的坐标

B—C 曲线上加密点以外的其他点的建筑系坐标计算,可以使用手工计算的方式,但是这种方式容易出错,不易检查。为了克服以上缺点,可以使用 AutoCAD 先绘图,再查询点位坐标值。

具体方法为:以 $B$ 点为起点绘制为例,首先输入 pl 命令,输入 $A$ 点的绝对坐标(1 000,1 000),然后利用相对直角坐标输入方式,输入@0,-0.6,得到 $AB$ 直线。接下来使用绝对直角坐标输入方式,输入加 1~加 11 的坐标;接着使用相对直角坐标输入方式完成 C—G、I—M 的点位输入;$H$ 点的绘制有所不同,因为施工图中给出了一个 4°37′偏移角度,这里需要将 4°37′化成 4.616 67°,然后利用相对极坐标的输入方式进行输入。

全部点位绘制完后使用 ID 命令查询点位坐标,填入细部点坐标计算表,检查无误后进行全站仪点位放样。

**(二)野外放样**

放样数据计算完成后,经检核无误后进行野外放样,具体方法参见已经学习过的《工程测量实训(基本操作)》中“项目三 任务六 施工放样中的全站仪平面坐标放样”。放样开始前和放样完成后需对已知点进行数据检核,以保证放样过程中不出现偏差。放样完成后还需要对放样点进行检核,并填写坐标放样检核表。允许偏差为±20 mm,如果超限应重新放样,直至全部点位合格。

## 五、注意事项

水利工程细部放样的难点是根据图纸计算出所需的放样坐标，计算时需认真核对图纸，防止错误发生，计算完成后，需第三人进行检查，保证成果的准确性。

野外放样时，放样数据尽可能批量传输到仪器中，防止野外数据输入时产生错误，放样完成后要及时对点位进行检核，精度符合规范要求后，方可进行下一道工序。

## 六、实训成果

(1) *B*—*C* 段加密点坐标计算表。

(2) 细部点坐标计算表。

(3) 坐标放样检核表。

## *B*—*C* 段加密点坐标计算表

班级:__________　姓名:__________　学号:__________组别:__________日期:__________

| 序号 | *x* 坐标 | *y* 坐标 | *A* 坐标 | *B* 坐标 |
|---|---|---|---|---|
| *O* 点 | | | | |
| *C* 点 | | | | |
| 加 1 | | | | |
| 加 2 | | | | |
| 加 3 | | | | |
| 加 4 | | | | |
| 加 5 | | | | |
| 加 6 | | | | |
| 加 7 | | | | |
| 加 8 | | | | |
| 加 9 | | | | |
| 加 10 | | | | |
| 加 11 | | | | |
| *B* 点 | | | | |

**细部点坐标计算表**

班级:__________ 姓名:__________ 学号:__________ 组别:__________ 日期:__________

| 序号 | 点号 | *A* 坐标 | *B* 坐标 | 序号 | 点号 | *A* 坐标 | *B* 坐标 |
|---|---|---|---|---|---|---|---|
| 1 | *A* | | | 13 | *M* | | |
| 2 | *B* | | | 14 | 加 1 | | |
| 3 | *C* | | | 15 | 加 2 | | |
| 4 | *D* | | | 16 | 加 3 | | |
| 5 | *E* | | | 17 | 加 4 | | |
| 6 | *F* | | | 18 | 加 5 | | |
| 7 | *G* | | | 19 | 加 6 | | |
| 8 | *H* | | | 20 | 加 7 | | |
| 9 | *I* | | | 21 | 加 8 | | |
| 10 | *J* | | | 22 | 加 9 | | |
| 11 | *K* | | | 23 | 加 10 | | |
| 12 | *L* | | | 24 | 加 11 | | |

## 坐标放样检核表

班级：________姓名：________学号：________组别：________日期：________

| 测站点号： | A 坐标： | B 坐标： | | 温度气压： | |
|---|---|---|---|---|---|
| 后视点号： | A 坐标： | B 坐标： | | 棱镜常数： | |
| 放样点号 | A 坐标 | B 坐标 | 检核 A | 检核 B | 备注 |
| | | | | | |
| | | | | | |
| | | | | | |
| | | | | | |
| | | | | | |
| | | | | | |
| | | | | | |
| | | | | | |
| | | | | | |
| | | | | | |
| | | | | | |
| | | | | | |
| | | | | | |
| | | | | | |
| | | | | | |
| | | | | | |
| | | | | | |
| | | | | | |
| | | | | | |
| | | | | | |
| | | | | | |
| | | | | | |
| | | | | | |
| | | | | | |
| | | | | | |
| | | | | | |

**注**：在实训放样时，测站点与后视点的坐标可用假定坐标。

## 七、成绩考核

（1）自我评价

<table>
<tr><td>任务名称</td><td></td><td>实训场地</td><td colspan="3"></td></tr>
<tr><td>姓名学号</td><td></td><td>班级组别</td><td></td><td>成绩</td><td></td></tr>
<tr><td>序号</td><td>考核项</td><td>分值</td><td>实训要求</td><td>自我评定</td><td>备注</td></tr>
<tr><td>1</td><td>实训态度、思想意识</td><td>10</td><td>实训态度认真，思想意识高</td><td></td><td></td></tr>
<tr><td>2</td><td>实训纪律、团队协作</td><td>10</td><td>遵守纪律，服从管理，团队协作能力强</td><td></td><td></td></tr>
<tr><td>3</td><td>放样数据计算质量</td><td>20</td><td>规范、完整，计算准确</td><td></td><td></td></tr>
<tr><td>4</td><td>操作熟练度、正确性</td><td>10</td><td>放样操作熟练、正确</td><td></td><td></td></tr>
<tr><td>5</td><td>点位放样精确度</td><td>10</td><td>成果精度符合限差要求</td><td></td><td></td></tr>
<tr><td>6</td><td>实训内容完成情况</td><td>10</td><td>能独立完成各实训内容</td><td></td><td></td></tr>
<tr><td>7</td><td>实训内容完成时间</td><td>10</td><td>能按时完成各实训内容</td><td></td><td></td></tr>
<tr><td>8</td><td>实训安全情况</td><td>10</td><td>实训安全，无事故</td><td></td><td></td></tr>
<tr><td>9</td><td>分析问题和解决问题的能力</td><td>10</td><td>分析和解决实训问题的能力强</td><td></td><td></td></tr>
<tr><td colspan="6">实训总结与反思：<br><br><br><br>组长评价：________ 评价时间：________年________月________日</td></tr>
</table>

(2)教师评价

<table>
<tr><td>任务<br>名称</td><td></td><td>实训<br>场地</td><td colspan="3"></td></tr>
<tr><td>姓名<br>学号</td><td></td><td>班级<br>组别</td><td></td><td>成绩</td><td></td></tr>
<tr><td>序号</td><td>考核项</td><td>分值</td><td>实训要求</td><td>评定</td><td>备注</td></tr>
<tr><td>1</td><td>实训态度、思想意识</td><td>10</td><td>实训态度认真,思想意识高</td><td></td><td></td></tr>
<tr><td>2</td><td>实训纪律、团队协作</td><td>10</td><td>遵守纪律,服从管理,团队协作能力强</td><td></td><td></td></tr>
<tr><td>3</td><td>放样数据计算质量</td><td>20</td><td>规范、完整,计算准确</td><td></td><td></td></tr>
<tr><td>4</td><td>操作熟练度、正确性</td><td>10</td><td>放样操作熟练、正确</td><td></td><td></td></tr>
<tr><td>5</td><td>点位放样精确度</td><td>10</td><td>成果精度符合限差要求</td><td></td><td></td></tr>
<tr><td>6</td><td>实训内容完成情况</td><td>10</td><td>能独立完成各实训内容</td><td></td><td></td></tr>
<tr><td>7</td><td>实训内容完成时间</td><td>10</td><td>能按时完成各实训内容</td><td></td><td></td></tr>
<tr><td>8</td><td>实训安全情况</td><td>10</td><td>实训安全,无事故</td><td></td><td></td></tr>
<tr><td>9</td><td>分析问题和解决问题的能力</td><td>10</td><td>分析和解决实训问题的能力强</td><td></td><td></td></tr>
<tr><td colspan="6">存在问题:<br><br><br><br>教师评价:____ 评价时间:________年________月________日</td></tr>
</table>

【思政小课堂】

## 白鹤滩水电站全面投产 世界最大清洁能源走廊建成

2022 年 12 月 20 日世界在建规模最大、综合技术难度最高的水电工程——白鹤滩水电站最后一台百万千瓦机组投产发电，这标志着世界最大清洁能源走廊全面建成。白鹤滩水电站位于四川省宁南县和云南省巧家县交界处金沙江干流河段，是实施“西电东送”的国家重大工程，电站总装机容量 1 600 万 kW，仅次于三峡工程，位居世界第二。白鹤滩水电站工程规模巨大，地质条件复杂，工程地处金沙江干热河谷地带，综合技术难度位居世界第一。白鹤滩水电站左右两岸共布置 16 台单机容量 100 万 kW 水轮发电机组，是目前世界上单机容量最大的水轮发电机组。机组水力设计、电磁设计、通风冷却、高性能材料研发应用达到世界领先水平。金沙江上，白鹤滩水电站与已建成的乌东德、溪洛渡、向家坝、三峡、葛洲坝等 6 座世界级巨型梯级电站构建了世界最大清洁能源走廊，总装机容量相当于 3 个三峡电站的装机容量。一滴水发 6 次电，世界最大清洁能源走廊实现了长江流域水力资源的最大化利用。截至目前，6 座巨型电站累计发电量超 3.18 万亿 kW · h，减排二氧化碳约 25 亿 t。

（相关资料来自央视网）

# 参考文献

[1] 中华人民共和国住房和城乡建设部. 城市测量规范:CJJ/T 8—2011[S]. 北京:中国建筑工业出版社,2012.
[2] 中国国家标准化管理委员会. 国家一、二等水准测量规范:GB/T 12897—2006[S]. 北京:中国标准出版社,2006.
[3] 中国国家标准化管理委员会. 1∶500 1∶1 000 1∶2 000 外业数字测图规程:GB/T 14912—2017[S]. 北京:中国标准出版社,2017.
[4] 中华人民共和国住房和城乡建设部. 工程测量标准:GB 50026—2020[S]. 北京:中国计划出版社,2021.
[5] 中华人民共和国住房和城乡建设部. 卫星定位城市测量技术标准:CJJ/T 73—2019[S]. 北京:中国建筑工业出版社,2019.
[6] 中国国家标准化管理委员会. 全球定位系统(GPS)测量规范:GB/T 18314—2009[S]. 北京:中国标准出版社,2009.
[7] 中华人民共和国住房和城乡建设部. 工程测量通用规范:GB 55018—2021[S]. 北京:中国建筑工业出版社,2021.
[8] 柴炳阳,王军德. 工程测量[M]. 2 版. 郑州:黄河水利出版社,2021.
[9] 朱小韦. 工程测量[M]. 3 版. 郑州:黄河水利出版社,2022.
[10] 自然资源部职业技能鉴定指导中心. 工程测量[M]. 郑州:黄河水利出版社,2019.
[11] 李宏超,周荣,陈贺. 数字地形测量[M]. 郑州:黄河水利出版社,2019.
[12] 褚喆. 控制测量[M]. 郑州:黄河水利出版社,2021.
[13] 益鹏举. GNSS 测量技术[M]. 郑州:黄河水利出版社,2015.
[14] 刘永义. 管线测量与管网信息系统[M]. 郑州:黄河水利出版社,2015.
[15] 中华人民共和国住房和城乡建设部. 城市地下管线探测技术规程:CJJ 61—2017[S]. 北京:中国建筑工业出版社,2017.
[16] 中华人民共和国住房和城乡建设部,中华人民共和国国家质量监督检验检疫总局. 建筑工程建筑面积计算规范:GB/T 50353—2013[S]. 北京:中国计划出版社,2014.
[17] 中华人民共和国住房和城乡建设部. 建筑变形测量规范:JGJ 8—2016[S]. 北京:中国建筑工业出版社,2016.
[18] 陈涛,缑慧娟,邹宇. 水利工程测量[M]. 北京:中国水利水电出版社,2019.
[19] 益鹏举. GNSS 定位操作与数据处理[M]. 郑州:黄河水利出版社,2015.
[20] 冯晓,吴斌. 现代工程测量仪器[M]. 北京:人民交通出版社,2005.
[21] 李金生. 工程变形监测[M]. 武汉:武汉大学出版社,2013.
[22] 李朝奎,李爱国. 工程测量学[M]. 长沙:中南大学出版社,2009.
[23] 中华人民共和国水利部. 水利水电工程施工测量规范:SL 52—2015[S]. 北京:中国水利水电出版社,2015.
[24] 岳建平,邓念武. 水利工程测量[M]. 5 版. 北京:中国水利水电出版社,2017.
[25] 杜玉柱. 水利工程测量技术[M]. 北京:中国水利水电出版社,2017.
[26] 邵向楠. 路桥测量[M]. 郑州:黄河水利出版社,2015.

[27] 张正禄.工程测量学[M].武汉:武汉大学出版社,2020.
[28] 邱冬炜,丁克良,黄鹤,等.变形监测技术与工程应用[M].武汉:武汉大学出版社,2016.
[29] 牛志宏,孙茂存.道路工程测量[M].郑州:黄河水利出版社,2013.
[30] 邵旭东.桥梁工程[M].5版.北京:人民交通出版社,2019.
[31] 杨正丽,卢修元.工程测量实践教程[M].北京:中国水利水电出版社,2023.

# 工 程 测 量 实 训

# 成 果 记 录 页

# 工 程 测 量 实 训

# 成 果 记 录 页

# 工 程 测 量 实 训

# 成 果 记 录 页

# 工 程 测 量 实 训

# 成 果 记 录 页

# 工 程 测 量 实 训

# 成 果 记 录 页

# 工 程 测 量 实 训

# 成 果 记 录 页

# 工 程 测 量 实 训

# 成 果 记 录 页

# 工 程 测 量 实 训

# 成 果 记 录 页

# 工 程 测 量 实 训

# 成 果 记 录 页

# 工程测量实训

# 成果记录页

# 工程测量实训

# 成果记录页

# 工 程 测 量 实 训

# 成 果 记 录 页

# 工 程 测 量 实 训

# 成 果 记 录 页

# 工 程 测 量 实 训

# 成 果 记 录 页

# 工程测量实训

# 成果记录页

# 工 程 测 量 实 训

# 成 果 记 录 页

# 工程测量实训

# 成果记录页

# 工 程 测 量 实 训

# 成 果 记 录 页

# 工 程 测 量 实 训

# 成 果 记 录 页

# 工 程 测 量 实 训

# 成 果 记 录 页